Fouad Mokhtari
Pierre Sicard

Commande des systèmes Hamiltoniens à ports commandés

Fouad Mokhtari
Pierre Sicard

Commande des systèmes Hamiltoniens à ports commandés

Application aux systèmes multimachines

Presses Académiques Francophones

Impressum / Mentions légales

Bibliografische Information der Deutschen Nationalbibliothek: Die Deutsche Nationalbibliothek verzeichnet diese Publikation in der Deutschen Nationalbibliografie; detaillierte bibliografische Daten sind im Internet über http://dnb.d-nb.de abrufbar.

Information bibliographique publiée par la Deutsche Nationalbibliothek: La Deutsche Nationalbibliothek inscrit cette publication à la Deutsche Nationalbibliografie; des données bibliographiques détaillées sont disponibles sur internet à l'adresse http://dnb.d-nb.de.

Coverbild / Photo de couverture: www.ingimage.com

Verlag / Editeur:
Presses Académiques Francophones
ist ein Imprint der / est une marque déposée de
AV Akademikerverlag GmbH & Co. KG
Heinrich-Böcking-Str. 6-8, 66121 Saarbrücken, Deutschland / Allemagne
Email: info@presses-academiques.com

Herstellung: siehe letzte Seite /
Impression: voir la dernière page
ISBN: 978-3-8381-7209-5

Résumé

Divers procédés de fabrication continue, de bobinage, de laminage d'extrusion, qui constituent des systèmes multimachines multiconvertisseurs (SMM), débouchent sur une problématique commune : assurer la qualité du traitement et du rembobinage d'un produit. Dans ce cadre, il convient de considérer deux grandeurs comme capitales : la vitesse de défilement et la tension exercée sur le produit tout au long du traitement. Par exemple, pour garantir une bonne qualité du bobinage, on doit assurer une commande précise de la tension d'enroulement. Néanmoins, le fil, la bande, la feuille ou la toile à traiter est flexible, ce qui peut poser un phénomène de résonance ou de vibration entre les moteurs avoisinants. Ces vibrations peuvent être assez sérieuses pour détériorer l'efficacité et le bon rendement de l'opération de bobinage. Des contraintes et des comportements similaires sont rencontrés dans d'autres SMM couplés tel les réseaux électriques de transport et de distribution d'énergie.

Cette thèse propose une méthodologie de commande des systèmes multimachines pour respecter leurs contraintes opératoires et assurer leur stabilité. L'approche consiste en la hiérarchisation de la commande réalisée par deux niveaux.

Le niveau supérieur est réalisé à l'aide d'une commande de faible autorité basée sur la représentation Hamiltonienne commandée par ports (PCH) dans le but de limiter les effets oscillatoires et de résonance rencontrés. L'approche de stabilisation des systèmes Hamiltoniens à ports permet de mettre en évidence les interconnexions par lesquelles l'énergie est échangée et de stimuler une motivation et une interprétation physique de l'action de commande; par exemple, l'injection des amortissements supplémentaires dans la structure afin d'assurer la stabilité globale du SMM. Le placement de ces amortisseurs virtuels est réalisé dans ce travail en proposant trois structures : *structure diagonale, structure maître-esclave, structure croisée.* Ce niveau de commande intervient principalement dans la phase transitoire ou de démarrage et en présence de perturbations en régime permanent.

Le niveau inférieur, réalisé par une commande de forte autorité, doit assurer l'essentiel des performances. Ce niveau est réalisé par une commande décentralisée basée sur la passivité. Afin d'améliorer les performances et le rejet de perturbations, nous proposons d'appliquer la commande de rejet de perturbation active au niveau des boucles interne de commande.

Les stratégies de commande développées sont validées expérimentalement avec une plateforme de simulation et de commande temps réel sur un SMM comportant de deux à quatre groupes de machines électriques, qui possède une structure et un mode de fonctionnement très similaires à ceux des réseaux de transport d'énergie électrique avec leurs génératrices et charges distribuées. Le système permet aussi de reproduire plusieurs phénomènes rencontrés dans des systèmes comme les bobineuses. Les résultats de simulation et expérimentaux ont montré la pertinence de la structure de commande, que ce soit pour le système de transport de bande, ou pour le système électrique équivalent. L'amélioration apparaît significativement par le rejet des oscillations dans la réponse en présentant moins de couplage. D'une façon générale, cette structure de commande peut être appliquée à tout autre domaine de procédés multimachines.

Remerciements

Le travail présenté dans cette thèse a été réalisé au sein du Groupe de Recherche en Électronique Industrielle de l'Université du Québec à Trois-Rivières sous la direction de Monsieur Pierre Sicard, Professeur de l'Université du Québec à Trois-Rivières. Je tiens ici à lui témoigner toute ma reconnaissance pour la confiance qu'il m'a accordée au cours de ce long travail et pour son humilité quant à l'encadrement impressionnant et pertinent qu'il m'a procuré pendant ces années, ses conseils, son professionnalisme, ses compétences techniques et ses qualités humaines, qui ont été non seulement très importants pour la réalisation du travail, mais encore très formateurs pour moi.

Je tiens à remercier Monsieur Maarouf Saad, Professeur de l'École de technologie supérieure et Monsieur Yves Dubé, Professeur de l'Université du Québec à Trois-Rivières, pour m'avoir fait l'honneur d'examiner cette thèse et d'en être rapporteurs.

Mes remerciements s'adressent aussi à Monsieur Nicolas Léchevin, codirecteur de thèse, pour la pertinence de ses remarques pendant ce travail et notamment pendant le passage de mon examen doctoral.

Je remercie très fortement Monsieur Adel Omar Dahmane, Professeur de l'Université du Québec à Trois-Rivières, pour m'avoir fait l'honneur de présider ce jury.

Mes remerciements tout particulièrement à Monsieur Mamadou Lamine Doumbia, Monsieur Ahmed Chériti et Monsieur Kodjo Agbossou, Professeurs de l'Université du

Québec à Trois-Rivières, d'avoir supporté financièrement une partie du banc d'essai expérimental.

Je souhaite aussi remercier Monsieur Sébastien Dulac, Technicien du département de génie électrique et génie informatique et Monsieur Daniel Ricard, Représentant au service à la clientèle, de la compagnie Moteurs PM Inc., pour leur soutien technique, et Monsieur Alben Cardenas Gonzalez pour sa disponibilité et son aide.

Je désire remercier notamment Monsieur Martin Bélanger et les personnes de la compagnie Opal-RT Technologie Inc, qui m'ont dépanné à plusieurs reprises.

Je remercie également et je dédie cette thèse à mes parents, mon épouse, mes sœurs et frères et toute la famille.

Table des matières

Liste des tableaux

Liste des figures

xiv

xv

Liste des Acronymes

BIBO	*Bounded Input-Bounded Output* (Entrée Bornée-Sortie Bornée)
BD	Bond-Graph
CFO	Contrôleur à Flux Orienté
DDL	Degré de Liberté
CID	Commandabilité Intégrale Décentralisée (*Decentralized Integral Controllable*)
HAC	*High Authority Control* (Commande Forte Autorité)
IFP	*Input Feedforward Passivity* (Passif en Anticipation d'Entrée)
ILMI	*Iterative Linear Matrix Inequality* (Inégalité Matricielle Linéaire Itérative)
KYP	*Kalman-Yacubovich-Popov*
LAC	*Low Authority Control* (Commande Faible Autorité)
LMI	*Linear Matrix Inequality* (Inégalité Matricielle Linéaire)
LQG	Linéaire Quadratique Gaussien (**Linear Quadratic Gaussian**)
LTI	*Linear Time Invariant* (Linéaire Invariant dans le Temps)
MAS	Machine ASynchrone
MCC	Machine à Courant Continu
MIMO	*Multi-Input Multi-Output* (Entrées Multiples Sorties Multiples)
NI	*Niederlinski Index* (Indice de Niederlinski)
OFP	*Output Feedback Passivity* (Passif en Rétroaction de Sortie)
PBC	*Passivity Based Control* (Commande Basée sur la Passivité)
PCHD	*Port Controlled Hamiltonian Dissipated* (Hamiltonien

Commandé par Ports avec Dissipation)

PI	Proportionnel Intégral
PID	Proportionnel Intégral Dérivé
PR	*Positive Real* (Réel Positif)
RGA	*Relative Gain Array* (Matrice de Gain Relatif)
SDI	Stabilité Décentralisée Inconditionnelle (*Decentralized Unconditional Stability*)
SDP	*Semi Definite Programming* (Programmation Semi-Définie)
SISO	*Single-Input Single-Output* (Simple Entrée Simple Sortie)
SMM	Systèmes Multimachines Multiconvertisseurs
SPR	*Strictly Positive Real* (Strictement Réel Positif)
TCBF	Tension-Couple Boucle Fermée
TCBO	Tension-Couple Boucle Ouverte
TNT	*Torque/Nip/Tension* (Couple/Pincement/Tension)
TVBO	Tension-Vitesse Boucle Ouverte
VSS	Valeurs Singulières Structurée (*Singular Value Decomposition*)
ZED	Zéro-État Détectable (*Zero State Detectable*)
ZEO	Zéro-État Observable (*Zero State Observable*)
OEE	Observateur d'État Étendu (Extended State Observer)

Liste des symboles

b_i	Coefficient d'amortissement
C_{cc}	Capacité du lien cc (F)
C_{emk}	Couple électromagnétique du moteur k (N·m)
C_{fk}	Couple de frottement du moteur k (N·m)
D	Matrice d'amortissement
E	Module de Young du matériau (N/m^2)
E_g	Force contre-électromotrice (V)
f_k	Coefficient de friction (N·m·s)
$g(x)$	Matrice des ports
$H(x)$	Fonction Hamiltonienne du système
h(t)	Réponse impulsionnelle de la structure
h	Épaisseur de la bande (m)
I	Courant du lien inductif (A)
$\mathbf{J}(x)$	Matrice d'interconnexion naturelle
J_{k0}	Moment d'inertie du rouleau à vide (kg/m^2)
J_k	Moment d'inertie du $k^{\text{ème}}$ rouleau (kg/m^2)
K	Raideur du ressort
K	Matrice de raideur
K_d	Gain dérivatif
K_{ek}	Constante du moteur cc (N·m)/(Wb.A)
K_i	Gain intégral
K_p	Gain proportionnel
L	Inductance du couplage électrique (H)

L_a		Inductance de l'induit (H)
L_{Bande}		Longueur de la bande (m)
L_{Bande0}		Longueur nominale de la bande au repos (sans effort) (m)
L_{cc}		Inductance du lien cc (H)
M		Matrice de masse
$\mathbf{R}(x)$		Matrice d'amortissement
R_a		Résistance de l'induit (Ω)
r_{k0}		Rayon initial du rouleau (m)
r_k		Rayon du $k^{\text{ème}}$ rouleau (m)
S		Section de la bande (m^2)
$\mathbf{S}(x)$		Fonction de stockage
T_k		Effort de la tension mécanique du $k^{\text{ème}}$ segment de la bande (N)
t		Temps (s)
u, y		Variables de puissance (entrée, sortie)
V		Volume contrôlé
v_k		Vitesse linéaire de défilement du $k^{\text{ème}}$ segment de la bande (m/s)
W		Largeur du rouleau (m)
$w(u(t),y(t))$		Fonction (taux) d'approvisionnement
X		Vecteur d'état
α		Variable scalaire
Φ		Matrice Modale
Φ_i		Déplacement du $i^{\text{ème}}$ mode
Δ_A		Incertitude additive
ε		Allongement relatif de la bande
	$\underline{\lambda}$	Valeur propre minimale
	ν	Indice de passivité d'anticipation d'entrée

ν_-	Indice de manque de passivité d'entrée du système
ξ_i	Amortissement du $i^{\text{ème}}$ mode
ρ	Masse volumique de la bande sous contrainte
ρ_0	Masse volumique de la bande au repos
$\bar{\sigma}\{\cdot\}$	Valeur singulière maximale
Ω	Matrice de fréquence
Ω_k	Vitesse de rotation (angulaire) du $k^{\text{ème}}$ moteur (rad/s)
Ω	Pulsation naturelle (rad/s)
γ	Coefficient de frottement feuille/feuille (N·m·s)
μ	Valeur singulière structurée
$\bar{\mu}$	Limite supérieure de la valeur singulière structurée
Δ_A	Incertitude additive

Chapitre 1—Introduction

Dans certaines applications, une seule machine électrique n'est pas suffisante. Ceci, soit parce qu'elle est encombrante du point de vue volumique (pour le transport par exemple), soit parce que le système demande naturellement des actionneurs répartis (dans l'industrie du papier, textile et le transport de bande en général). Ces systèmes deviennent des systèmes multimachines multiconvertisseurs (SMM) [BOU-00]. Cette classe de systèmes inclut aussi notamment les convois de véhicules (dans le contexte d'une autoroute intelligente avec véhicules autonomes) [STA-00] et les réseaux de transport d'énergie électrique avec leurs génératrices et charges distribuées [DEL-05].

Dans les industries du papier, du textile, du plastique et du métal, les systèmes de bobinage, qui appartiennent à la famille SMM, sont très présents et sont souvent utilisés dans la fabrication de produits commerciaux. On retrouve dans ces diverses industries le même genre d'installation (figure 1.1): des systèmes d'enrouleurs/dérouleurs constitués de plusieurs types de composants mécaniques (cylindres, rouleaux, moteurs, capteurs et la bande à transporter).

Une bobineuse est une unité de production indépendante de la machine à papier. Elle ne modifie pas les propriétés de la feuille, mais elle a une influence importante sur les contraintes induites au papier durant son entreposage, sa manutention et son utilisation chez l'imprimeur. La qualité du bobinage est donc très importante, car elle peut détruire tous les efforts, qui

---

1

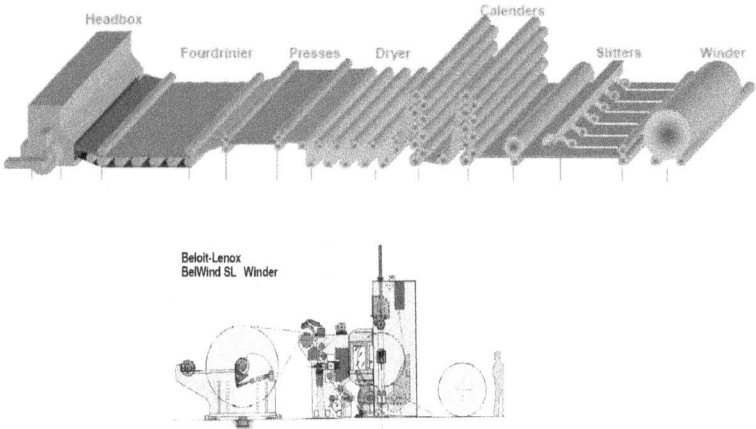

Figure 1.1 Système de bobinage dans l'industrie du papier
(http://www.ssddrives.com/usa/Resources/PDFs/Paper.pdf)
(Beloit-Lenox™ BelWind SL™ Winder, GL&V)

ont été déployés dans les premières phases de production si le bobinage n'est pas effectué et contrôlé correctement [SAV-99]. Les principales fonctions de tels systèmes sont réalisées par les étages suivants : *débobinage, entraînement par friction, pinçage et rembobinage.* La description du système de bobinage et les divers procédés possibles sont détaillés dans le deuxième chapitre.

Ce chapitre comprend la problématique de recherche, la méthodologie, les objectifs visés et les contributions escomptées, ainsi que l'organisation de la thèse.

1.1 Problématique

La commande d'un procédé de transport de bande pose un vaste ensemble de difficultés. Dans ce travail, on peut néanmoins les classer grossièrement en différents groupes.

1.1.1. *Importance de la commande de tension de bande*

La description des divers procédés de transport de produits en feuille ou filiformes débouche sur une problématique commune : assurer la qualité du traitement et du rembobinage du produit. Dans cette optique, il convient de considérer deux grandeurs comme capitales : la vitesse de défilement et la tension exercée sur le produit tout au long de sa fabrication qui conditionnent la concentration des produits à appliquer pour le traitement de surface et la synchronisation des étages de traitement [SAV-99]. De plus, pour garantir une bonne qualité du bobinage, on doit assurer un très bon contrôle du profil de dureté de la bobine fille par une commande précise de la tension d'enroulement.

Si de grandes variations de la tension se produisent, la rupture du matériel pendant le traitement ou la dégradation de la qualité du produit peut se produire, ayant pour résultat des pertes économiques significatives dues aux arrêts de production, aux pertes de matières premières et à la diminution de la qualité du pr*oduit fini. En moyenne, pour l'industrie du transport et d'enroulement de papier, cela représente un arrêt de la production d'environ 30 minutes, qui implique une perte très importante [DOI-03]. Par conséquent, afin de réduire au minimum ces pertes, la tension doit être maintenue dans une certaine fourchette imposée par les caractéristiques du produit d'une part et la qualité recherchée d'autre part. Donc, il est très important de surveiller et de commander la tension dans la limite désirée dans chaque zone. La commande de tension doit être efficace à n'importe quelle phase de vitesse de machine, y compris l'accélération, le régime permanent et la phase de décélération de la machine.

Les avantages d'une commande précise de la tension dans une bande mobile incluent [ROI-96]:

— l'élimination de l'effet d'air sur la bande et les rouleaux.

— éviter les plis, les rides, la rupture de la bande et les niveaux bas de tension.

— maintenir un bon contact de la bande avec les tambours secs.

1.1.2. *Complexité du modèle*

Garantir la qualité d'un procédé de transport de bande nécessite une bonne connaissance du comportement dynamique de la bande. Cette connaissance peut être formalisée par une description mathématique des variations de la tension de la bande en fonction de son environnement. Le système de transport de bande présente un comportement non linéaire; en particulier pour les hautes vitesses commandées par l'industrie. D'autre part, il existe de nombreuses sources de non-linéarités, dont certaines sont difficilement modélisables. Elles peuvent être dues au matériau à transporter, ou à des phénomènes mécaniques complexes qui existent, y compris à l'intérieur du domaine de déformation élastique. Elles peuvent aussi être liées directement au dispositif flexible, dont les changements de configuration peuvent se traduire par un couplage non linéaire des variables introduites pour décrire son comportement. Dans tous les cas, on aboutit à un modèle de connaissance non linéaire pour lequel il est difficile, voire impossible, d'utiliser les méthodes de synthèse linéaires qui constituent à ce jour l'essentiel du savoir-faire en automatique. La représentation peut donc être linéarisée autour d'un point de fonctionnement donné. Il n'y a donc pas, en général, un seul modèle possible du système flexible, mais plusieurs modèles dont chacun restitue une ou plusieurs caractéristiques importantes du système. On a donc une représentation multi modèles d'un même système, toute la difficulté étant de limiter leur nombre pour ne retenir que les plus représentatifs, et de trouver un compromis entre précision et simplicité, afin de pouvoir par la suite calculer une loi de commande performante et réalisable.

En raison de ces difficultés et son importance dans l'industrie, ce problème a attiré l'attention de plusieurs chercheurs. L'un des problèmes est l'établissement d'un modèle mathématique convenable et correct. Swift [SWI-28] était une des premières références qui a étudié la dynamique longitudinale d'une bande en mouvement. Campbell [CAM-58] a développé un modèle mathématique de la bande sous une forme d'équations différentielles ordinaires (ODE), mais il n'a pas considéré la tension à l'entrée de l'étage. Le travail de Brandenburg [BRA-76] a pris en considération les effets de petits changements résultant des changements de tension et de température. King [KIN-69], Whitworth and Harrison [WHI-83] et Brandenburg ont fourni des modèles non linéaires plus spécifiques, alors que [GRI-76][SHE-86][KOÇ-02][LYN-04] et [BOU-97] proposent une formulation de la tension basée sur certaines approximations pour réduire la complexité de ces modèles, utilisés comme la base pour la conception de correcteurs de tension dans plusieurs industries comme le papier et le métal, par exemple.

1.1.3. *Nombre de variables incertaines en jeu*

Le problème de la commande de tension dans les applications de traitement de bande est complexe parce que la dynamique du système est fonction de beaucoup de variables du processus qui varient souvent sur une large gamme. Par exemple, dans les bobineuses, ces variations incluent des changements dans le diamètre et l'inertie des rouleaux (bobineur/rembobineur), la densité du produit, le module d'élasticité de la bande et la section de la bande. Notons aussi que la tension est affectée par l'humidité et le changement de température, les bruits de mesure, le glissement entre la bande et le rouleau, la largeur de la bande des boucles de vitesses intérieures et la vitesse-ligne du processus, les phénomènes de friction non linéaire et les couplages électriques/mécaniques. En raison de forts couplages entre la vitesse et la tension, ces perturbations affectant la vitesse sont transmises à la tension de la bande due aux propriétés flexibles de celle-ci.

La méthode fondamentale de commande pour cette industrie est la spécification d'une vitesse de défilement de la bande grâce à un asservissement de vitesse d'un seul moteur de traction appelé "*maître*", tandis qu'un asservissement en tension est appliqué aux autres moteurs afin de maintenir les tensions désirées de chaque segment de bande. Le souci principal est d'empêcher les coupures de la bande, pliage, et les dommages qui peuvent ralentir ou même causer l'arrêt de la chaîne de production. De plus, les oscillations excessives de la tension ou de la vitesse peuvent causer la perte de la bande entière (à cause de la détérioration). Donc, les systèmes de commande dans cette industrie doivent remplir les conditions suivantes :

— Régulation de la vitesse et des tensions de la bande avec un découplage tensions/ vitesse dont le changement de référence sur la vitesse n'affecte pas les tensions de la bande et réciproquement.
— La robustesse par rapport aux variations :
    i) du diamètre et de l'inertie du rouleau : la même performance devrait être maintenue durant tout le traitement de la bande.
    ii) du module d'élasticité de la bande en raison des modifications de la température ou de l'humidité : ces changements sont très communs sur tous les processus industriels de transport de bande à cause de plusieurs traitements que subit la bande aux différents lieux.

La commande des systèmes de bobinage a récemment suscité un fort intérêt de la communauté de commande. La commande PID domine cette industrie. Cependant, cette approche devient insuffisante aux vitesses élevées et avec un matériel mince ou fragile. Cela a mené à l'investigation et à la recherche de stratégies de commande sophistiquées comme la logique floue [JEE-99][OKA-98], les réseaux de neurones [LUO-97][WAN-04], la commande optimale [ANG-99], la commande robuste [PAG-01][KOÇ-00] et la commande de rétroaction basée sur la fonction de Lyapunov [BAU-03][PAG-04].

Quant à la structure de commande, ce type de système peut être accompli par des correcteurs multivariables centralisés ou par des correcteurs décentralisés, c'est-à-dire une série de correcteurs indépendants (SISO). Plusieurs stratégies de commande ont été proposées pour les systèmes industriels de transport de bande afin d'atteindre les objectifs de la commande, tel que : PID [REI-92][LIN-93], ADRC [BOU-01], *loop shaping* [BOU-97], la commande PID non linéaire PI [MOK-08], programmation des gains (*gain-scheduling*) [KOÇ-00], commande multivariable H_∞ [LAR-01][KOÇ-02]. Mais une des incommodités principales de certaines théories de synthèse de la commande moderne, comme la commande H_∞, résulte du fait que les correcteurs résultants sont typiquement de grande dimension. La complexité s'accroît avec l'augmentation du nombre d'actionneurs, laquelle rend difficile l'implémentation du correcteur en temps réel. Donc il n'est pas convenable d'utiliser un correcteur centralisé pour un tel procédé. Par conséquent, malgré la performance supérieure en boucle fermée des correcteurs multivariables centralisés, il y a beaucoup de raisons pour lesquelles la commande décentralisée est la structure qui domine dans les applications de commande des processus industriels (figure 1.2-a). En fait, elle possède une liste d'avantages sur la commande centralisée, dont une simplicité de conception et de réajustement, une certaine tolérance aux défaillances, etc. En contrepartie, pour les systèmes industriels à grande échelle, la commande décentralisée est coûteuse à cause du nombre élevé d'actionneurs. À cet effet, une stratégie de commande semi-centralisée (figure 1.2-b) est considérée par [BEN-08]; il s'agit d'une décentralisation par blocs afin de trouver un compromis pour avoir une bonne performance du système global, le rejet des perturbations, et une robustesse aux défaillances des capteurs et des actionneurs.

En revanche, quand la commande décentralisée est appliquée à un système de commande de la tension de bande, les interactions entre les boucles de commande présentent un problème majeur pour la conception de correcteurs. Une approche logique pour réduire ces interactions de boucle est de choisir les paires de réglages appropriées des variables manipulées, c'est-à-dire choisir des entrées disponibles du système pour commander chacune de ses sorties. Les outils utiles pour ce choix sont les mesures d'interaction, qui ont été le sujet de beaucoup de recherche. L'indice de Niederlinski (NI), la matrice des gains relatifs (RGA) [BRI-66] et le gain relatif décentralisé par bloc (BRGA) [MAN-86] utilisent généralement les mesures d'interaction afin de déterminer les meilleures combinaisons qui minimisent les interactions entre les boucles de commande. Ces outils sont simples, puisque seule l'information en régime permanent est exigée, mais ne peuvent pas être employés pour conclure de la stabilisabilité des systèmes de processus en utilisant des correcteurs décentralisés. Pour surmonter ces insuffisances, des méthodes employant les modèles dynamiques des processus ont été développées [JEN-86][McA-83]. Rosenbrock [ROS-74] a généralisé et a étendu les paradigmes de conception de Bode-Nyquist classique pour donner des conditions sur la stabilité diagonalement décentralisée dans l'espace de gain. Une autre approche à l'analyse de l'interaction est basée sur le cadre de la commande décentralisée robuste [GRO-86], où les interactions sont considérées comme une incertitude et la mesure d'interaction a été proposée en fonction des valeurs singulières.

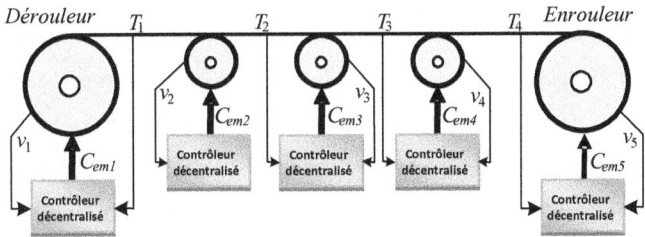

-a-

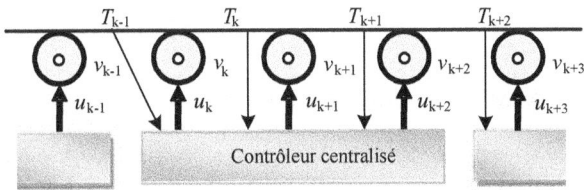

-b-

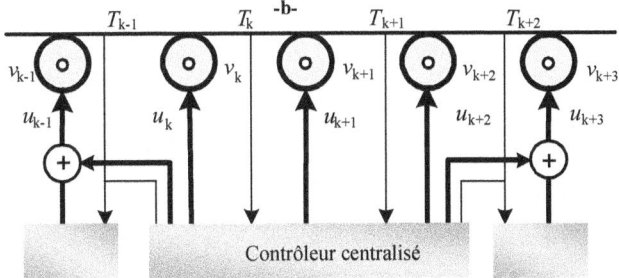

- c-

Figure 1.2. Structures de commande appliquées sur un système de transport de bande :

a) Commande décentralisée appliquée sur une bobineuse.
b) Commande semi-décentralisée pour un système de grande dimension.
c) Commande décentralisée avec chevauchement.

Une autre solution qui semble intéressante pour réduire le couplage entre les sous-systèmes adjacents à grande échelle consiste à utiliser une commande décentralisée avec chevauchements et interactions des sous-systèmes adjacents (figure 1.2-c). Ikeda et al. [IKE-81] proposent une méthode fondée sur l'extension de la représentation d'état du système complet. Elle conduit à une structuration en sous-systèmes ayant des états communs, qui permet de prendre en compte les interactions physiques qui les lient. Cette technique est mise en œuvre dans [SAK-98-1][SAK-98-2][GIA-07][KNI-02][KNI-03][KNI-06] et [BEN-06] pour la commande de la tension dans un système de transport de bande en minimisant le couplage entre la vitesse et la tension.

1.1.4. Vibrations dans l'industrie de transport de bande

On peut classer les phénomènes de vibrations dans l'industrie de transport de bande en deux groupes; les vibrations structurales et les vibrations qui sont dues au procédé. Le travail dans cette thèse porte seulement sur l'étude du deuxième type dont les sources et les causes seront citées dans le troisième chapitre.

L'opération à haute vitesse des applications industrielles de transport de bande rend plus critique la qualité de commande et fait apparaître des phénomènes vibratoires, notamment lorsque la bande à transporter est flexible, ce qui peut causer un phénomène de résonance ou de vibration entre les moteurs avoisinants. Le même phénomène peut se poser si le matériel à transporter est rigide (métal). La vibration de la bobineuse peut être assez sérieuse pour détériorer l'efficacité et le bon rendement de l'opération de bobinage. Ces vibrations sont très indésirables puisqu'elles posent des problèmes critiques de performances et de stabilité qui peuvent causer des problèmes tels que la transmission des vibrations à d'autres systèmes et même l'endommagement ou la fatigue de la structure qui peut engendrer des répercussions économiques considérables.

Face à ces difficultés, le rôle de l'automaticien est de déterminer le réglage des lois de commande et de proposer une amélioration des performances par le biais du calcul et de la compensation: l'architecture des lois de commande, la synthèse et la validation de lois en présence d'erreurs de modélisation et de variations paramétriques constituent l'essentiel de son apport. Néanmoins, du point de vue de l'automaticien, les nécessités structurales se traduisent par un abaissement de la fréquence des modes de résonance.

1.2 Objectifs et contributions

L'objectif général de ce travail est de développer une méthodologie de commande pour la stabilisation des systèmes de transport de bande afin de respecter les spécifications de production et les qualités désirées. Pour atteindre cet objectif, l'approche adoptée consiste à la hiérarchisation de la commande. Nous visons à identifier et à établir des interconnexions qui favorisent l'amortissement des vibrations dans le matériau transporté et qui mènent à des lois de commande de complexité raisonnable et qui peuvent idéalement être exprimées ou interprétées par des lois de commande classiques et robustes aux variations des différents paramètres de la bobineuse (inertie de la bobine, coefficient d'élasticité de la bande…) et qui découplent, au moins partiellement, les boucles de tension et de vitesse pour assurer une meilleure commande de la structure.

Cet objectif général peut être décomposé en objectifs spécifiques suivants :

OBJ 1 — Étude comparative entre les différents modèles (mathématiques/physiques, mécaniques/électriques) de la bande à transporter afin de trouver un compromis entre précision et simplicité. Le modèle proposé sera représenté sous la forme d'un système Hamiltonien commandé par ports avec dissipation.

OBJ 2 — Représenter et analyser les caractéristiques vibratoires d'un système de bobineuse en vue de concevoir et de commander le système pour une bonne performance vibratoire.

OBJ 3 — Concevoir une structure de commande hiérarchisée afin d'atteindre les objectifs de la commande en distinguant deux niveaux de commande : faible et forte autorité. Cette distinction permet de diviser l'objectif **OBJ 3** en deux sous-objectifs :

OBJ 3-a — Contribuer au développement et à l'application de la théorie des systèmes Hamiltoniens à des applications concrètes. Notamment, pour les systèmes de bobinage, développer des lois de commande performantes et réalisables basées sur la commande des systèmes Hamiltoniens commandés par ports et sur la passivité. Cette approche est choisie afin d'avoir une interprétation physique de l'action de commande, qui doit assurer la stabilisation du système global par l'amortissement des modes de vibration.

OBJ 3-b — Concevoir pour notre système de bobineuse, un correcteur passif de forte autorité basé sur la commande décentralisée en assurant l'essentiel des performances. Ainsi, développer un outil simple, mais efficace pour l'analyse de la stabilité décentralisée inconditionnelle, une analyse d'interaction basée sur la passivité qui indique l'effet de la déstabilisation des interactions. La robustesse et l'amélioration des performances de la réponse sont assurées en appliquant la commande active de rejet de perturbations.

OBJ 4 — Participer à l'extension d'un banc d'essai multimachine multiconvertisseur (SMM) implémenté au laboratoire de commande de l'Université du Québec à Trois-Rivières pour une validation expérimentale avec HIL *(Hardware In the Loop)* afin de valider les lois de commande développées à l'aide des outils de simulation MATLAB®/Simulink/ SimPowerSystems. La plateforme de simulation et de commande temps réel RT-LAB® permettra de faire une validation en temps réel des modèles des machines, circuits électriques et correcteurs proposés.

La littérature présente une étude insuffisante des phénomènes vibratoires dans les systèmes de transport de bande. C'est dans cette perspective et dans le but de réduire et d'atténuer ce phénomène dans l'industrie papetière que se justifie ce projet de recherche. L'originalité des travaux réside dans la proposition d'une structure de commande hiérarchisée basée sur l'approche de développement de commandes actives pour les systèmes multimoteurs appliquées aux systèmes de bobineuse pour répondre aux besoins de cette industrie en termes de stabilité et de robustesse. Les principales contributions portent sur l'extension aux systèmes de bobinage de la méthode basée sur la commande des systèmes Hamiltoniens commandés par ports (PCH) proposée dans [VAN-00][MAS-00][ORT-99], qui présente un manque de résultats d'application sur des systèmes concrets. Le but est d'exploiter les avantages de ce mode de commande afin d'atteindre les performances désirées avec une structure de commande propice à être exprimée ou interprétée par des lois de commande classique, pour une mise en œuvre facile dans l'industrie.

1.3 Méthodologie retenue

La recherche bibliographique ayant permis de cerner précisément la problématique, les grands axes de travail ont été définis afin de permettre l'aboutissement des travaux de recherche. La méthodologie de recherche repose sur l'exploitation des propriétés énergétiques afin d'obtenir des modèles pour développer des lois de commande basées sur le principe de passivité et la modélisation à l'aide de l'Hamiltonien qui ont le potentiel de

---

13

générer des familles complètes de correcteurs et d'assurer une stabilité globale.

Dans le cas d'un système de transport de bande pour lesquels le niveau de performance recherché est extrêmement élevé, l'approche proposée consiste à superposer des niveaux de commande faible et forte autorité, ce qui conduit à la *hiérarchisation* de la commande.

Généralement, la commande faible autorité vise à la stabilisation de la structure. Vu la caractéristique importante de l'approche de stabilisation des systèmes Hamiltoniens de stimuler une motivation et une interprétation physiques de l'action de commande, le système de transport de bande est premièrement représenté sous la forme d'un système Hamiltonien commandé par ports avec dissipation (PCHD). La représentation sous forme de PCHD [VAN-00][MAS-00][ORT-99] permet de mettre en évidence les interconnexions par lesquelles l'énergie est échangée. Ortega *et al.* [ORT-99][ORT-04] ont montré comment exploiter ces modèles pour identifier et imposer de nouvelles interconnexions afin d'imposer de nouvelles propriétés énergétiques à certaines classes de systèmes électromécaniques. Cette méthode de modélisation a été amplement utilisée et des formulations Hamiltoniennes développées pour des modèles de systèmes physiques continus [VAN-97][DAL-98] ont été étendues à la modélisation de systèmes à commutation [JEL-01], à des convertisseurs statiques de puissance [ESC-99] et à des systèmes multimachines de puissance [XI-03] [WAN-03]. L'intérêt de cette méthode vient surtout du fait qu'elle est basée sur le principe de balance de l'énergie. Il y a deux avantages clés de travailler avec les modèles PCH [AST-00]: premièrement, ils capturent directement les contraintes physiques du système, et deuxièmement les obstacles structuraux pour la forme de l'énergie et l'injection d'amortissement sont révélés. Les systèmes

Hamiltoniens sont des systèmes passifs [VAN-00]; il est donc possible d'utiliser tous les résultats de la théorie des systèmes passifs. Une commande passive qui fait fréquemment appel à des énergies fictives est réalisée par l'insertion de ressorts et l'injection d'amortisseurs virtuels par une rétroaction négative de sortie au système. Une des raisons majeures pour utiliser la commande de rétroaction dans les systèmes mécaniques (et autres) est d'assurer la stabilité de la réponse du système. Notons que les interconnexions peuvent être définies d'abord par l'analyse de la structure du système qui permet d'établir la configuration et la position des amortisseurs qui favorisent la stabilisation du système. Cette approche a le bénéfice d'être moins abstraite que les approches usuelles basées sur l'observation des équations du modèle seulement.

En revanche, le niveau de commande forte autorité doit assurer l'essentiel des performances. Vu que la commande décentralisée est dominante dans les applications de commande des systèmes de transport de bande en raison de sa simplicité, un correcteur passif de forte autorité basé sur la commande décentralisée est appliqué dans ce cas. Quelles que soient les procédures de conception de commande multiboucle, les interactions des boucles doivent être prises en considération, car elles peuvent avoir des effets néfastes sur la performance de la commande et sur la stabilité en boucle fermée. Donc, l'analyse des interactions est importante dans la commande décentralisée. Dans cette commande, le système global est fractionné en plusieurs sous-systèmes contrôlés d'une manière indépendante par son propre correcteur. [BAO-07] a montré que la théorie de passivité fournit un chemin différent vers l'analyse des effets de déstabilisation des interactions. En se basant sur le théorème de passivité, un processus passif peut être stabilisé par un correcteur passif décentralisé. La commande décentralisée basée sur la passivité peut être moins conservatrice que les approches conventionnelles basées sur la dominance diagonale généralisée parce qu'elle prend en compte non seulement comment les interactions sont grandes, mais aussi comment les sous-systèmes s'influencent réciproquement. Les développements incluent l'analyse d'interaction, la sélection de la structure de commande (par exemple, pairage) et la conception de systèmes de commande.

Pour préserver la simplicité des correcteurs et l'intégrité de la méthode, la robustesse sera acquise en formulant le modèle du système de commande sous la forme d'équations *Matricielles à Inégalités Linéaires* (LMI) [JER-00]. La solution des inégalités permettra d'obtenir des paramètres des correcteurs qui assurent le niveau de robustesse recherché, reste à déterminer et à formuler les critères en conformité avec la méthode. Pour la robustesse en performance, on propose d'appliquer la commande de rejet de perturbation active (CRPA) au niveau des boucles de vitesse de la commande forte autorité en considérant toutes les dynamiques couplées inconnues comme étant des perturbations.

1.4 Validation des résultats

Tout résultat issu d'une simulation doit faire l'objet d'une validation sérieuse. La première étape repose sur la validation des lois de commande développées à l'aide des outils de simulation MATLAB®/Simulink/ SimPowerSystems, et sous la plateforme de simulation RT-LAB® qui permettra de faire une validation en temps réel. Cependant, considérant l'indisponibilité d'une bobineuse au niveau du laboratoire, un système équivalent qui utilise un couplage électrique réalisé par une inductance au lieu d'un couplage mécanique par une bande flexible est utilisé comme alternative de banc d'essais. Dans ce cas, chaque segment de la bande à transporter est remplacé par deux machines à courant continu liées électriquement par une inductance, et entraînées mécaniquement par des machines asynchrones. La commande de tension mécanique du système présentée précédemment est alors remplacée par une commande de courant du lien électrique des machines à courant continu. Le système multimoteur équivalent possède une structure et un mode de fonctionnement très similaires à ceux des réseaux de transport d'énergie électrique avec leurs génératrices et charges distribuées. Le chapitre 7 donne un aperçu du fonctionnement de ce système.

1.5 Organisation de la thèse

Cette thèse s'articule comme suit :

Le chapitre 2 présente une étude approfondie des systèmes de bobinage pour développer un modèle mathématique d'une bande basé sur les différentes lois de la physique, ainsi que ses équivalences mécanique et électrique pour une bande flexible entre deux rouleaux, afin de déduire un modèle utile pour la synthèse des correcteurs.

Le chapitre 3 décrit les causes et les effets engendrés par les vibrations sur les systèmes de bobinage. Pour cela, il est important d'analyser les caractéristiques vibratoires du système pour une bonne performance vibratoire. Nous présentons la réponse fréquentielle pour un système équivalent composé des masses/ressorts en boucle ouverte et nous montrerons l'impact des amortissements introduits sur les pics de résonances, et l'influence des variations du module d'élasticité de la bande et de l'inertie du dérouleur-enrouleur sur le procédé de bobineuse.

Le chapitre 4 présente et discute les définitions de base et les résultats classiques sur la passivité et les systèmes passifs en général afin d'introduire et de comprendre certaines des techniques de commande les plus importantes développées pour la stabilisation des systèmes Hamiltoniens à ports, à savoir : injection d'amortissement *(damping injection)*, commande par interconnexion et mise en forme de l'énergie (*energy shaping*).

Le chapitre 5 discute l'approche de la commande décentralisée basée sur la passivité en examinant et en appliquant les conditions CID sur le système de bobineuse. L'effet de déstabilisation d'interactions des boucles est mesuré par l'indice de passivité du processus multivariable qui comprend l'information de phase et de gain. Nous montrerons comment l'indice de passivité est employé pour choisir les paires de réglage appropriées pour la conception de la commande décentralisée de la bobineuse.

Le chapitre 6 formule la structure de commande qui consiste à la hiérarchisation de la commande. Premièrement, la structure de commande faible autorité basée sur la représentation PCHD réalisée sur le modèle approximatif moyen décrit au chapitre 2 est établie dans le but d'injecter plus d'amortissements pour tenter de réduire les vibrations dans la structure. Une solution est d'insérer des amortisseurs virtuels dans la structure en utilisant la rétroaction de sortie pour obtenir la stabilité asymptotique du système contrôlé. Ensuite, une structure de commande qui doit assurer l'essentiel de performances est réalisée par un correcteur forte autorité fondé sur l'approche de la commande décentralisée basée sur la passivité. On expose aussi dans ce chapitre les résultats de simulation des différentes structures de commande. Nous évaluons notamment les problèmes engendrés par la variation de quelques paramètres de la bobineuse.

Le chapitre 7 présente une description d'un système multimoteur équivalent monté au sein du laboratoire utilisant un couplage électrique réalisé par une inductance au lieu d'un couplage mécanique (la bande flexible). Dans ce cas, la commande de tension mécanique du système de bobineuse présentée précédemment est remplacée par une commande de courant du lien électrique des machines à courant continu.

Cette thèse se termine au chapitre 8 par une conclusion générale sur les travaux de recherche réalisés, les principaux résultats obtenus et les contributions du projet.

Chapitre 2—Modélisation d'un système de transport de bande

Dans l'industrie de transport de bande, beaucoup de types de matériaux sont économiquement manufacturés ou traités sous forme d'une bande (papiers, plastiques, films, textiles et métaux minces) qui fait office de couplage entre tous les rouleaux. Deux quantités sont d'importance capitale pour la commande : *la vitesse* et *la tension de la bande*. Afin de déduire un modèle utile pour la synthèse des correcteurs, il est intéressant de modéliser la bande à transporter pour obtenir une meilleure compréhension de sa dynamique au cours de la phase du rembobinage. Ce chapitre présente une étude approfondie en vue de développer un modèle mathématique d'une bande basé sur les différentes lois de la physique, ainsi que ses équivalences mécanique et électrique pour des matériaux flexibles entre deux rouleaux adjacents.

2.1 Présentation d'un système de transport de bande (une bobineuse)

Une bobineuse est une unité de production indépendante de la machine à papier. Elle ne modifie pas les propriétés de la feuille, mais elle a une influence importante sur les contraintes induites au papier durant son entreposage, sa manutention et son utilisation chez l'imprimeur [SAV-99].

Avant de commencer la description du système de bobinage et les divers procédés possibles, il est nécessaire de définir le vocabulaire à utiliser.

2.1.1 Définition des éléments primaires du système

Le terme *bande* ou *toile* désigne indifféremment la section de matière qui défile entre deux rouleaux, elle se rapporte à n'importe quel matériel sous une forme flexible continue de bande très longue comparée à sa largeur et très étendue comparée à son épaisseur [SHI-00]. Cette bande a comme caractéristiques une longueur $L(m)$, une vitesse de défilement $v(m/s)$ et une tension $T(N)$.

Une bobine (figure 2.1) est une spirale de papier (dans ce cas de ce matériau) dont les constituants sont [MUN-07] :

- le papier;
- l'air emprisonné entre les couches de papier;
- le support d'enroulage (cylindre métallique ou mandrin en carton par exemple);
- le ruban adhésif, utilisé pour solidariser la bande au support d'enroulage ou pour joindre deux bouts de bande en cas de casse.

Figure 2.1 Bobine de papier (http://cerig.efpg.inpg.fr/).

"Qu'est-ce qu'une bonne bobine ?" Si la question était posée à un imprimeur rotativiste, sa réponse comporterait les éléments suivants :

- des informations en bonne place pour les opérateurs;
- une géométrie, une forme parfaite (cylindrique) pour la mise on œuvre;
- un déroulage uniforme, une tension constante;
- pas de plis ni de bords mous;
- pas de casse ni de brèches;
- un déroulage continu (une seule bande continue).

Le dérouleur (*débobineur*) est le rouleau qui porte la matière première, il est situé à l'entrée du système et y injecte la matière. Alors que l'*enrouleur* (*bobineur*) est le rouleau qui porte le produit fini, il est situé à la sortie du système. Ces deux types de rouleau sont symétriques et ont des caractéristiques (rayon et masse) qui varient au cours du cycle de production (figure 2.2).

Figure 2.2 Système de déroulage (gauche) et système d'enroulage (droite) (http://cerig.efpg.inpg.fr/).

Les systèmes de coupe permettent non seulement de couper la feuille à la laize demandée mais aussi de rogner correctement les bords de bobine (Figure 2.3). En règle générale, les dispositifs de coupe sont constitués de couteaux circulaires libres en rotation et entraînés par frottement lorsqu'ils sont

Figure 2.3 Système de coupe (http://cerig.efpg.inpg.fr/).

appliqués sur des contre-couteaux motorisés.

L'étage de pincement est composé de deux rouleaux dont l'un est couplé de façon rigide à un moteur. Le deuxième rouleau est pressé sur le premier par un système de ressort ou d'engrenage de sorte à pincer la bande et l'entraîner. De façon abusive, un étage de pincement sera assimilé à un rouleau motorisé. Le rôle traditionnel de l'étage de pincement est de créer des zones de tension différentes pour les différents niveaux de procédés [Lui-00].

2.1.2 Fabrication d'une bobine : l'enroulage du papier

On constate que les divers traitements s'effectuent en phase de défilement. Le déroulement-enroulement est un principe de base dont la matière première et le produit intermédiaire sont stockés sous forme de bobines. Après installation sur le dérouleur d'un rouleau de matière, le but est, par exemple, d'obtenir à partir d'un rouleau de papier plusieurs rouleaux avec des tailles différentes. Le rôle du dérouleur est l'injection de matière dans le système en faisant évoluer ou non la longueur du trajet du papier à l'aide de la multitude de rouleaux guides présents en passant par l'étage de friction et l'étage de pinçage. En agissant sur le rouleau de l'étage d'entraînement par friction, nous pourrions augmenter ou diminuer cette même surface de contact. Le rôle

23

traditionnel de l'étage de pinçage est de pouvoir imposer indépendamment la tension en amont et en aval entre les sections du procédé, et donc créer des différentes zones de tension dans le procédé [ROI-96]. Au cours du cycle de travail, la quantité de matière sur le dérouleur diminue, sa masse et son rayon ne sont donc pas constants, c'est l'enrouleur qui récupère le produit traité; au démarrage, le rouleau porteur est vide, il se remplit au fur et à mesure de l'avancement de la production. Lorsque le dérouleur devient vide, la chaîne doit s'arrêter, le temps d'installer un nouveau rouleau.

Pour récapituler les facteurs déterminant le serrage lors de l'enroulage, [ROI-94] utilise l'abréviation **TNT** pour "Torque/Nip/Tension". Voyons comment ces paramètres interviennent.

Tension : Considérons une bobine en cours de fabrication (figure 2.4). La tension de la feuille avant l'enroulage est chronologiquement le premier paramètre ayant une influence déterminante. Toutes choses égales par ailleurs, si cette tension augmente en cours d'enroulage, la dureté va croître. Remarquons néanmoins que jouer sur la tension avant enroulage pour influencer la tension dans la bobine, présente l'inconvénient de jouer sur la résistance de la feuille dans un brin libre. Cette exploitation de l'élasticité de la feuille est risquée et, à la moindre brèche, peut provoquer une casse. En règle générale, il faut faire en sorte de garder la tension avant enroulage constante. En pratique, ce paramètre n'est pas utilisé pour serrer les bobines.

Nip (pincement) : Considérons maintenant le fait que la bobine est en appui sur deux cylindres. L'autre facteur influençant l'enroulage est le maintien d'une pression entre ces deux éléments. Dès que celle-ci augmente, la dureté s'accroît.

La tension à l'enroulage peut être décrite par la formule suivante [GOO-92]:

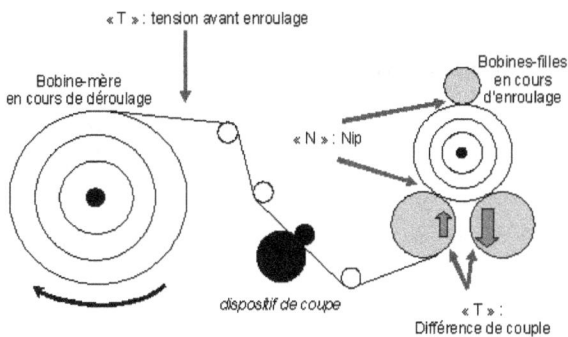

Figure 2.4 Parcours d'une feuille dans une bobineuse à 2 rouleaux porteurs.

Tension à l'enroulage $= T + \gamma \cdot \dfrac{N}{h}$

avec :

T : tension avant enroulage; N : charge linéaire;

γ : coefficient de frottement feuille/feuille ; h : épaisseur de la feuille.

Torque (couple): Considérons le fait que les cylindres, évoqués plus haut, sont solidaires d'une motorisation. La dernière possibilité pratique de modifier facilement le serrage est de jouer sur la différence de couple entre les deux moteurs.

2.2 Modèle dynamique de la bobineuse

Considérons un simple système de transport de bande (figure 2.5) composé d'un dérouleur, d'un enrouleur et des rouleaux de traction (rouleaux guides) qui imposent la vitesse de la bande. Un tel système peut être utilisé comme une base pour représenter des procédés dans des industries telles que : textile, plastique, papier, etc.

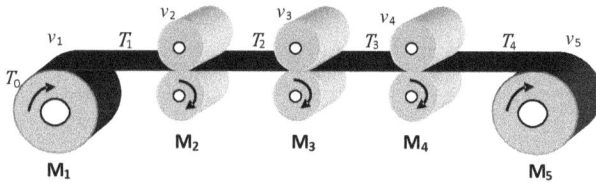

Figure 2.5 Représentation d'un système de transport de bande.

2.2.1 Comportement physique et mise en équations de la bande de couplage

Comme dans tout problème de commande, le rôle de la modélisation est essentiel. Il est illusoire de rechercher un modèle parfait, qui, s'il existait, nécessiterait de toute façon l'utilisation d'un nombre important de paramètres pour être exploitable en commande. En automatique, ce sont des modèles mathématiques et graphiques qu'on utilise pour représenter le comportement des systèmes [VIN-96]. Un modèle convenable est celui qui peut être utilisé pour concevoir un système de commande compte tenu des spécifications désirées.

Afin d'établir l'équation de la tension pour un matériau flexible, on va se baser sur la cellule la plus élémentaire dans un système de traitement de matériau constituée de deux rouleaux sur lesquels défile une bande (figure 2.6) et y compris les hypothèses suivantes:

➢ **Hypothèses**

— il n'y a pas de glissement entre le matériau et les rouleaux, la vitesse de défilement du matériau est donc égale à la vitesse tangentielle du rouleau;

— la longueur de la région de contact $(a + b)$ entre le matériau et le rouleau est très petite par rapport à celle du matériau situé entre les deux rouleaux (L), ce qui permet de définir un volume de contrôle V (volume du

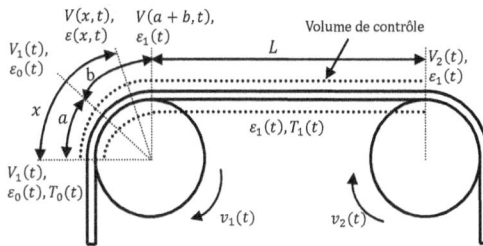

Figure 2.6 Tension de la bande entre deux rouleaux (inspiré de [KOÇ-02]).

matériau dans la région "b");

— la perte de masse entre le matériau et l'environnement est supposée négligeable;

— on néglige le délai dans la zone de transport, notamment la déformation et la contrainte dans le matériau sont supposées uniforme entre les deux rouleaux.

Les modèles permettant d'obtenir la force de tension mécanique présente dans la bande de couplage du système de transport, sont basés sur trois lois [KOÇ-02][SHI-00] :

i) **Loi de Hooke.** Pour modéliser l'élasticité du matériau, la tension T dans le matériau est en fonction de son allongement relatif ε et de ses caractéristiques mécaniques (module de Young et section de la bande):

$$T = E \cdot S \cdot \varepsilon \tag{2.1}$$

La déformation constatée sur allongement relatif ε tel que:

$$\varepsilon = \frac{L_{Bande} - L_{Bande0}}{L_{Bande0}} \tag{2.2}$$

ii) **Loi de Coulomb.** Elle exprime la variation de la tension dans la zone de contact entre le matériau et le rouleau. Cette variation est due aux forces de frottement qui s'exercent sur les deux corps en contact. La région de contact entre le matériau et le rouleau peut être divisée en deux zones : une première zone où l'allongement relatif est constant (égale à ε_0) et une deuxième zone où ε vari en fonction du coefficient de friction (γ) pour être finalement égale à ε_1 (figure 2.6). L'allongement relatif de la bande entre le premier point de contact des deux rouleaux est donné par l'équation suivante :

$$\varepsilon(x,t) = \begin{cases} \varepsilon_0(t) & \text{si} \quad x \leq a \\ \varepsilon_0(t)e^{\gamma(x-a)} & \text{si} \quad a \leq x \leq a+b \\ \varepsilon_1(t) & \text{si} \quad a+b \leq x \leq L_t, \ L_t = a+b+L_{Bande} \end{cases}$$

(2.3)

iii)   **Loi de Conservation de masse.** Elle relie le couplage entre la vitesse de la bande et tension. La loi de conservation de masse impose que la masse d'un élément de matière reste constante quel que soit son état (au repos ou non). Elle permet de connaître le rapport entre la masse volumique de la bande sous contrainte ρ et au repos ρ_0.

$$\rho S L_{Bande} = \rho_0 S L_{Bande0}$$

(2.4)

On déduit alors :

$$\frac{\rho}{\rho_0} = \frac{L_{Bande0}}{L_{Bande}}$$

(2.5)

d'après la relation (2.2) on aura:

$$\frac{\rho}{\rho_0} = \frac{1}{1+\varepsilon}$$

(2.6)

L'équation de continuité qui exprime la variation de la quantité de matière dans un volume contrôlé V appliquée au système est donnée par [KOÇ-02] :

$$\frac{\partial \rho}{\partial t} + \frac{\partial(\rho \cdot v)}{\partial x} = 0$$

(2.7)

En exprimant l'équation de continuité en fonction de ε_i et de ρ_0 en tenant compte des hypothèses posées, son intégrale sur l'abscisse x permet d'écrire :

$$\frac{d}{dt}\left(\frac{L_{Bande}}{1+\varepsilon_1}\right) = \frac{v_1}{1+\varepsilon_0} - \frac{v_2}{1+\varepsilon_1} \tag{2.8}$$

La relation (2.8) décrit la contrainte dans le matériau (compte tenu des hypothèses précédentes) en fonction des vitesses des rouleaux.

2.2.2 *Réduction du modèle*

Nous avons abouti dans la section précédente à un modèle de bande non-linéaire pour lequel il est difficile, voire impossible, d'utiliser les approches de synthèse linéaires qui constituent à ce jour l'essentiel du savoir-faire en automatique. La représentation peut donc être linéarisée autour d'un point de fonctionnement donné. Il n'y a donc pas, en général, un seul modèle possible du système flexible, mais plusieurs modèles dont chacun restitue une ou plusieurs caractéristiques importantes du système. On a donc une représentation multi modèle d'un même système, toute la difficulté étant de limiter leur nombre pour ne retenir que les plus représentatifs et de trouver un compromis entre précision et simplicité, afin de pouvoir par la suite calculer une loi de commande performante et réalisable. Une commande de tension fiable est d'une importance capitale pour traiter des bandes avec des épaisseurs et propriétés variées. Par exemple, un matériel rigide comme le papier carton est tolérant aux déviations de tension, contrairement à un matériel élastique comme le film.

Par conséquent, on peut réduire la complexité du modèle de tension de la bande en utilisant certaines approximations. Les modèles obtenus sont basés sur les approximations données dans [KOÇ-02][SHI-00].

— *Modèle avec approximation après dérivation.* La dérivation du terme de gauche de l'équation (2.8) avec la supposition que L_{Bande} est constant, permet d'avoir :

$$L_{Bande}\frac{d\varepsilon_k}{dt} = v_{k+1}(1+\varepsilon_k) - v_k\frac{(1+\varepsilon_k)^2}{1+\varepsilon_{k-1}} \qquad (2.9)$$

On remplace ε par son expression selon la relation (2.1), ce qui permet d'exprimer les tensions dans la bande :

$$L_{Bande}\frac{dT_k}{dt} = v_{k+1}(ES+T_k) - v_k\frac{(ES+T_k)^2}{ES+T_{k-1}} \qquad (2.10)$$

L'utilisation des approximations suivantes : $\varepsilon \ll 1$, $1/(1+\varepsilon) \approx 1 - \varepsilon$, $(1+\varepsilon)^2 \approx 1 + 2\varepsilon$ permet d'obtenir la relation de la tension simplifiée T_k suivante :

$$L_{Bande}\dot{T}_k = ES(v_{k+1} - v_k) + T_{k-1}v_k - T_k(2v_k - v_{k+1}) \qquad (2.11)$$

— *Modèle avec approximation avant dérivation.* La simplification qui permet de trouver le modèle classique (2.12) est obtenue en utilisant les approximations suivantes $\varepsilon \ll 1$, $1/(1+\varepsilon) \approx 1 - \varepsilon$ avant dérivation de (2.8) :

$$L_{Bande}\dot{T}_k = ES(v_{k+1} - v_k) + T_{k-1}v_k - T_k v_{k+1} \qquad (2.12)$$

— *Modèle approximatif moyen.* Nous obtenons ce modèle en prenant la moyenne entre le modèle avec approximation après dérivation (2.11) et le modèle avec approximation avant dérivation (2.12); cela nous permet d'obtenir l'équation suivante :

$$L_{Bande}\dot{T}_k = ES(v_{k+1} - v_k) - (T_k - T_{k-1})v_k \qquad (2.13)$$

Les équations (2.10), (2.11), (2.12) et (2.13) sont obtenues pour un modèle d'une bande de matière en défilement. La première est exacte, mais complexe dans sa forme et les autres sont approximatives et d'une forme plus simple. De celles-ci nous pouvons retrouver des grandeurs qui influencent la tension: la différence de vitesse et les produits tension-vitesse. Selon l'application envisagée et la précision désirée, nous favoriserons un modèle à l'autre. Le choix du modèle pour la suite de cette thèse sera justifié dans la partie qui suit.

2.2.3 Comparaison et choix du modèle de validation pour la simulation

Dans l'objectif de trouver un compromis entre précision et simplicité selon l'application envisagée, une comparaison analytique entre les différents modèles développés dans la section précédente en appliquant le théorème de perturbation [KOK-86], permettra de choisir le modèle qui représente avec suffisamment de précision la dynamique de la bande à transporter.

Brièvement, si nous imposons une faible perturbation de vitesse $v_{k+1} = (1 + \xi)v_k$ avec $\xi \ll 1$, alors le régime permanent de chaque modèle est défini comme suit :

Modèle global (2.10) : $\qquad\qquad\qquad\qquad T_k = \xi ES + (1 + \xi)T_{k-1}$

Modèle avec approximation après dérivation (2.11) : $\quad T_k = \frac{\xi}{1-\xi}ES + \frac{1}{1-\xi}T_{k-1}$

Modèle avec approximation avant dérivation (2.12) : $\quad T_k = \frac{\xi}{1+\xi}ES + \frac{1}{1+\xi}T_{k-1}$

Modèle approximatif moyen (2.13) : $\qquad\qquad T_k = \xi ES + T_{k-1}$

31

Effet du gain ES. Selon la matière première, le produit ES prend des valeurs très différentes. Plus le matériau est élastique, plus ES est faible. En revanche, ES devient très important dans les applications sidérurgiques du fait que les matériaux rigides sont plus faciles à entraîner, notamment pendant les phases transitoires.

Pour comparer les différents modèles élaborés précédemment sans prendre en considération le type du matériel ni sa géométrie, nous allons nous intéresser à l'allongement relatif (ε) exercée sur le matériau plutôt qu'à la tension (T). Pour analyser le comportement des différents modèles, deux cas sont considérés : $\varepsilon_{k-1} = 0.05$ et $\varepsilon_{k-1} = 0.001$ qui caractérisent la tension T_{k-1} selon (2.1).

Les résultats de simulation (figure 2.8) montrent les réponses de ces modèles pour une petite variation de vitesse de l'ordre de $\xi = 1\%$ (figure 2.7). Nous en concluons que pour une bande significativement élastique, le modèle avec approximations après dérivation (2.11) est plus précis que les autres modèles. Cependant, le modèle approximatif moyen

(2.13) en plus de sa forme symétrique, présente un compromis entre précision et simplicité meilleur que les autres modèles. C'est donc ce modèle que nous utiliserons dans la suite.

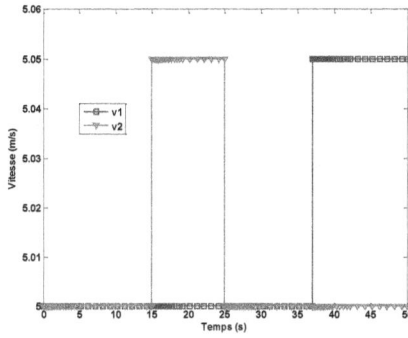

Figure 2.7 Profil de variation des vitesses v_1 et v_2 de l'ordre de 1%.

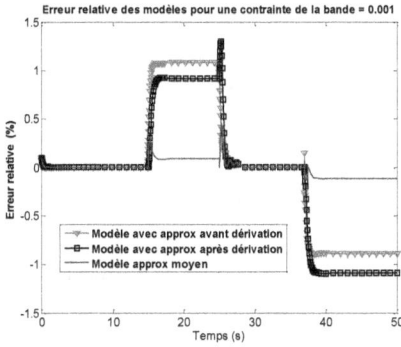

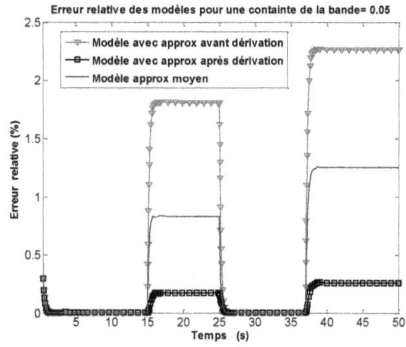

Figure 2.8 Erreurs de tension relatives simulées des différents modèles.

2.2.4 Dynamique du système d'entraînement

Représentons les forces qui affectent le rouleau k (figure 2.9) de rayon r_k et d'inertie J_k; les forces externes sont le couple C_{emk} appliqué, la force de friction F_k et la force transmise par la bande. Nous indiquons les tensions en aval et en amont respectivement par T_k et T_{k-1}. Si le rouleau est motorisé, il est référé comme un rouleau actif. Autrement il est passif et est appelé un rouleau guide.

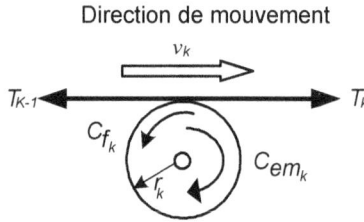

Direction de mouvement

Figure 2.9 Forces affectant le rouleau k.

L'équation dynamique du moteur k est donnée en utilisant la loi de Newton par :

$$\frac{d}{dt}[J_k(t)\Omega_k] = C_{emk} + r_k(t)(T_k - T_{k-1}) - C_{fk} \tag{2.14}$$

L'enrouleur et le dérouleur ne sont pas soumis respectivement à des tensions en aval et en amont, ce qui permet d'écrire :

$$\frac{d}{dt}[J_k(t)\Omega_k] = C_{emk} - r_k(t)T_{k-1} - C_{fk} \qquad \text{(pour l'enrouleur)} \tag{2.15}$$

$$\frac{d}{dt}[J_k(t)\Omega_k] = C_{emk} + r_k(\tau)T_k - C_{fk} \qquad \text{(pour le dérouleur)} \tag{2.16}$$

et nous définissons v_k, la vitesse linéaire du rouleau au point de contact avec la bande.

Comme la bobineuse perd (ou reçoit) du matériel, son rayon change. Ce changement peut être rapproché par l'équation (2.17).

$$r_k(t) = \sqrt{r_{k0}^2 \pm \frac{h}{\pi} \int_0^t v_k dt} \qquad (2.17)$$

Le moment d'inertie J_k pour un enrouleur est composé de deux termes : le moment d'inertie de l'arbre sur lequel le rouleau s'appuie et le moment d'inertie de la bande enroulée autour du rouleau. Ainsi :

$$J_k(t) = J_{k0} + \frac{\pi \rho l}{2} \left(r_k^4(t) - r_{k0}^4 \right) \qquad (2.18)$$

2.2.5 Dynamique d'un système composé de N+1 moteurs

Les équations mathématiques globales d'un système de transport de bande constitué de N+1 moteurs (figure 2.10) dépendent du comportement dynamique de chaque moteur (2.19) qui impose un couple électromagnétique ainsi que de chaque bande qui réalise le couplage mécanique entre deux rouleaux adjacents (2.20). Nous posons l'hypothèse en (2.19) que le couple de frottement moteur C_{fk} est dominé par le frottement visqueux avec coefficient f_k.

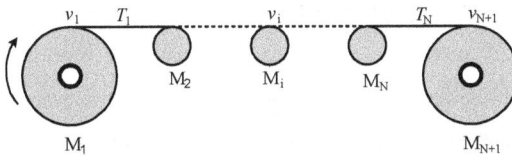

Figure 2.10 Système de transport de bande composé de N+1 moteurs.

$$\frac{d}{dt}\left[J_k(t)\Omega_k\right] = C_{emk} + r_k(t)(T_k - T_{k-1}) - f_k\Omega_k \qquad (2.19)$$

$$\frac{dT_k}{dt} = v_{k+1}(ES + T_k) - v_k\frac{(ES+T_k)^2}{ES+T_{k-1}}, \qquad k = 1, \cdots N \qquad (2.20)$$

2.3 Analogie électromécanique

2.3.1 Comportement viscoélastique

Afin de mettre en évidence les possibilités de vibrations et de résonances mécaniques qui peuvent avoir lieu dans ce type de système, il est utile de représenter en plusieurs masses la partie mécanique, dont la bande est remplacée par son modèle équivalent. La bande possède un comportement dynamique non-linéaire et des effets viscoélastiques. Pour avoir un modèle mécanique générique et adapté à la simulation de la bande, il est par conséquent judicieux de pouvoir y intégrer ce type d'effets. La viscoélasticité, comme son nom l'indique, est une généralisation des théories de l'élasticité et de la viscosité.

Le comportement viscoélastique est intermédiaire entre celui du solide élastique modélisé par un ressort et celui d'un composant visqueux, modélisé par un amortisseur. Vu d'une façon différente, un matériau élastique possède la capacité de stocker toute l'énergie mécanique de déformation sans dissipation, tandis qu'un composant visqueux dissipe toute l'énergie mécanique de déformation, sans capacité d'en stocker. Un matériau élastique linéaire idéal réagit à l'application d'une force par une déformation proportionnelle à cette force. Un tel matériau est représenté selon les conventions habituelles par un *ressort* (qui obéit strictement à la loi de Newton). Un matériau visqueux linéaire idéal réagit à l'application d'une force par un flux de vitesse constante proportionnelle à cette force et est représenté selon les conventions habituelles par un *amortisseur* (qui obéit strictement à la

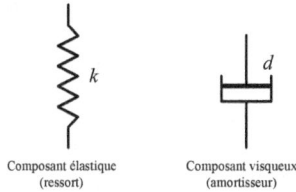

Composant élastique
(ressort)

Composant visqueux
(amortisseur)

Figure 2.11 Représentation schématique des composants linéaires idéaux selon les conventions habituelles: un élément élastique est représenté par un ressort, un élément visqueux par un amortisseur.

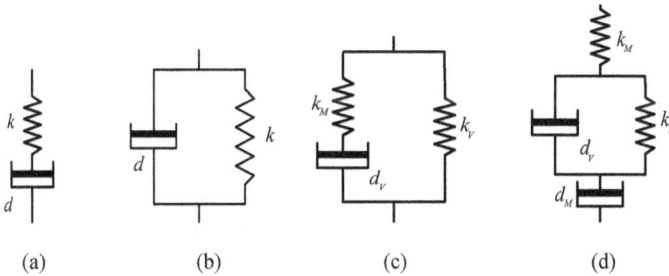

(a)   (b)   (c)   (d)

Figure 2.12 Équivalence mécanique de la bande: (a) modèle de Maxwell, (b) modèle de Voigt-Kelvin, (c) modèle de Zener, (d) modèle de Buger.

loi de Hooke). Le comportement de l'amortisseur est donc caractérisé par une viscosité d et celui du ressort par un module k (figure 2.11).

Sous sa forme la plus générale, la théorie de la viscoélasticité dérivée de ces principes peut décrire des comportements mécaniques complexes et variés [LEB-04]. Dans la pratique, on construit fréquemment un modèle viscoélastique par des combinaisons de composants élastiques et visqueux idéaux. Les modèles les plus simples peuvent être représentés respectivement par la combinaison en série (Modèle de Maxwell) ou en parallèle (Modèle de Voigt-Kelvin) d'un composant élastique et d'un composant visqueux (figure 2.12-a et b). Ces deux modèles ne fournissent que des représentations partielles des propriétés de matériaux viscoélastiques réels. D'autres assemblages constitués de trois ou quatre composants élémentaires peuvent être construits pour obtenir une modélisation plus complète (figure 2.12-c et d).

2.3.2 Représentation mécanique équivalente

Le schéma mécanique équivalent du système de transport de bande composé de N+1 moteurs est représenté à la figure 2.13, où la bande est représentée par le modèle de Voigt-Kelvin de la figure 2.12-b car celui-ci est bien adapté à la description d'un matériel viscoélastique [SHI-00]. L'utilisation d'autres modèles viscoélastiques tels que le modèle de Zener (figure 2.12-c) ou le modèle de Burger (figure 2.12-d) serait délicate, car ces modèles sont plus complexes et conduisent à des équations différentielles couplées entre contraintes et déformations, alors que le modèle de Voigt-Kelvin permet de sommer simplement les composantes de forces élastiques et visqueuses [SHI-00].

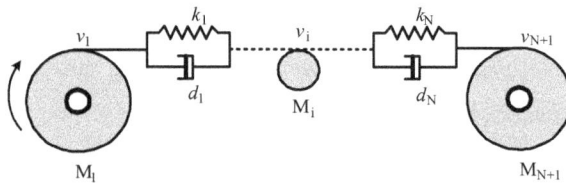

Figure 2.13 Système de transport de bande avec un modèle de Voigt-Kelvin.

2.3.3 Représentation électrique équivalente

Bien qu'ancienne, la méthode des analogies électromécaniques facilite la mise en équations des systèmes mécaniques notamment lorsqu'ils sont complexes. En rapprochant les diverses lois physiques qui régissent les domaines électrique et mécanique, on peut distinguer deux analogies : l'analogie force-courant $(F \approx I)$ et l'analogie force-tension $(F \approx U)$. Dans cette section nous utilisons l'outil du Bond Graph [TAN-99] qui utilise l'analogie force-tension afin de déduire facilement et directement le système électrique équivalent à partir du système mécanique de la bobineuse (Annexe A). Le choix de l'outil Bond Graph est motivé par le fait que cette technique a montré son efficacité dans de nombreux exemples [TAN-99]. L'approche Bond Graph ne demande pas l'écriture de lois générales de conservation. Elle repose essentiellement sur la caractérisation des phénomènes d'échanges de puissance au sein du système. Le Bond Graph du système mécanique de la figure 2.13 est donné par la figure 2.14 alors que son équivalence électrique est donnée par la figure 2.15.

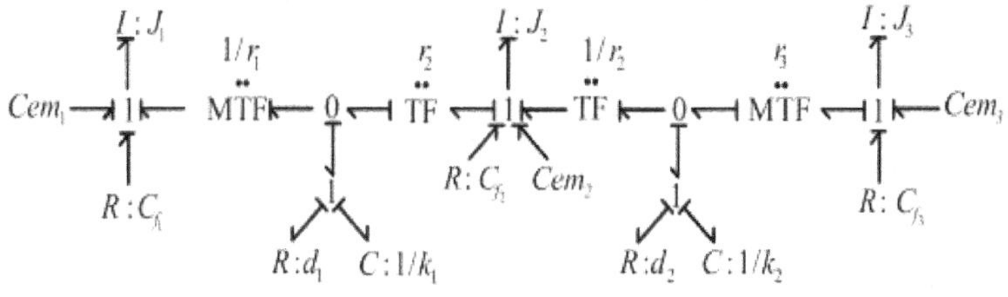

Figure 2.14 Bond Graph du système mécanique composé de 3 moteurs.

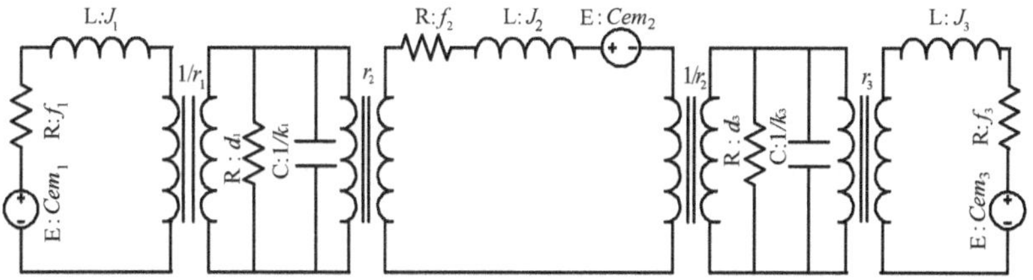

Figure 2.15 Système électrique équivalent basé sur l'analogie force-tension.

Selon le tableau 2.1, on peut déduire le système équivalent dans l'analogie force-courant en utilisant le principe de dualité (au circuit série correspond un circuit parallèle et vice versa).

Tableau 2.1 Analogie force-courant / force-tension pour un système mécanique en translation.

Grandeur mécanique en translation	Grandeur électrique $F \approx I$	Grandeur électrique $F \approx U$
force (F)	courant (I)	tension (U)
vitesse linéaire (v)	tension (U)	courant (I)
viscosité (d)	conductance $(G = 1/R)$	résistance (R)
masse (m)	capacité (C)	inductance (L)
souplesse d'un ressort $(1/k)$	inductance (L)	capacité (C)
déplacement (x)	flux magnétique (Φ)	charge électrique (q)
quantité de mouvement (Q)	charge électrique (q)	flux magnétique (Φ)
énergie cinétique (E_c)	énergie électrostatique (E_s)	énergie magnétique (E_m)
énergie potentielle (E_p)	énergie magnétique (E_m)	énergie électrostatique (E_s)

2.4 Conclusion

Dans ce chapitre, une étude approfondie des systèmes de bobinage a été présentée basée sur les différentes lois de la physique afin de développer un modèle qui sert à l'analyse et à la synthèse de lois de commande. Cette étude a permis de proposer un modèle linéaire moyen qui présente un meilleur compromis entre précision et simplicité. Le modèle proposé sera ensuite représenté dans les chapitres ultérieurs sous une forme d'un système

Hamiltonien à ports commandés avec dissipation afin de concevoir notre correcteur à faible autorité visant à réduire les vibrations dans la structure. Néanmoins, cela nécessite une bonne compréhension, représentation et analyse des caractéristiques vibratoires avant la conception du correcteur. Pour cela et afin de mettre en évidence les possibilités de vibrations et de résonances mécaniques qui peuvent avoir lieu dans cette industrie, le système de bobineuse a été représenté par un système équivalent composé de plusieurs masses (on parle d'un système multimasse) pour la partie mécanique, alors que la bande a été remplacée par un modèle équivalent mécanique (ressorts et amortisseurs) ou électrique (résistances et condensateurs). L'analyse et la commande des vibrations dans l'industrie de transport de bande seront l'âme du prochain chapitre.

Chapitre 3—Commande des vibrations dans l'industrie de transport de bande

Les vibrations qui se produisent dans la plupart des structures et des systèmes dynamiques sont indésirables et sont causées par des mouvements qui peuvent mener à la fatigue de la structure, à des pertes d'énergie et à une réduction dans les performances. Donc la conception et la commande appropriées sont cruciales afin de maintenir un niveau supérieur de qualité et d'efficacité de production, et de prolonger la vie des structures et des procédés industriels. Pour une bonne performance vibratoire, il est important de comprendre, représenter (le modèle) et analyser les caractéristiques vibratoires du système avant de concevoir et/ou de commander un système d'ingénierie. On présente dans ce chapitre un aperçu des causes et des effets engendrés par les vibrations sur les systèmes de bobinage.

3.1 Vibrations dans l'industrie de transport de bande

3.1.1 Introduction

Les variations dans les phénomènes physiques qui ont lieu plus ou moins régulièrement dans le temps sont décrites comme des *oscillations*. Le nom *vibration* est utilisé pour décrire des petites oscillations de systèmes mécaniques [MAR-06]. Cependant, les vibrations des structures posent des problèmes critiques de performances et de stabilité pour beaucoup de systèmes, en particulier dans le domaine du transport de bande, où le matériel à transporter est flexible, ce qui peut poser un phénomène de résonance ou de vibration entre les moteurs avoisinants. Le même phénomène peut se poser si le matériel à transporter est rigide (métal,..), car la notion de solide indéformable n'est qu'un concept théorique, aucun corps n'étant parfaitement rigide. Une structure mécanique se compose toujours d'un ou plusieurs éléments dont la rigidité n'est pas infinie, associés entre eux par des liaisons qui elles aussi ont une raideur limitée. Elle présente donc une certaine flexibilité, qui se traduit mathématiquement par un champ de déformations et de contraintes qui dépendent de sa géométrie, des liaisons mécaniques, et de la nature des matériaux [VIN-96]. Il existe de plus un couplage entre masse et flexibilité, lié à un échange entre l'énergie de déformation élastique et l'énergie cinétique, qui entraîne en dynamique un comportement oscillant semblable à celui d'un système masses-ressort (tout corps doté d'une masse et d'une élasticité est susceptible d'être soumis à des vibrations). Les résonances qui en résultent, que l'on caractérise par une fréquence propre et une déformation modale, dépendent bien entendu de la répartition de masse dans la structure et de l'ensemble des paramètres mécaniques. Dans la grande majorité des applications, cette flexibilité est indésirable, et ses effets doivent donc être atténués.

3.1.2 Causes des vibrations

Les vibrations dans l'industrie de transport de bande sont dues principalement aux déviations de composants de l'unité mécanique tels que les moteurs et la bande, comme le montre la figure 3.1-b. La deuxième source est due à l'excentricité des rouleaux (figure 3.1-c); où le centre de masse du cylindre est décalé ou excentrique de son axe de rotation [ROI-94]. La troisième source est due à la non-circularité des rouleaux (figure 3.1-d); ceci est dû à plusieurs facteurs comme le pliage de la bande, la formation de trous d'air entre les différentes couches de la bande; le résultat est un enrouleur qui est plus elliptique que circulaire. Finalement, le problème de flexion de l'arbre de chaque moteur peut induire aussi des résonances et des vibrations dans la structure.

3.1.3 Effets des vibrations

Toutes les bobineuses vibrent pendant l'opération. Ces vibrations sont très indésirables dans cette industrie puisqu'elles peuvent causer des problèmes tels que la fatigue structurale, la transmission des vibrations à d'autres étages du système et même l'endommagement de la structure, ce qui peut engendrer des répercussions économiques considérables. Bien que la vibration de la bobineuse soit souvent inoffensive, elle peut de temps en temps être assez sérieuse pour détériorer l'efficacité et le bon rendement de l'opération de bobinage [SHI-00]. Les vibrations excessives du rouleau rembobineur peuvent causer des pertes de production en forçant la limitation de la vitesse d'opération pour réduire les risques de disfonctionnement, et peut-être même

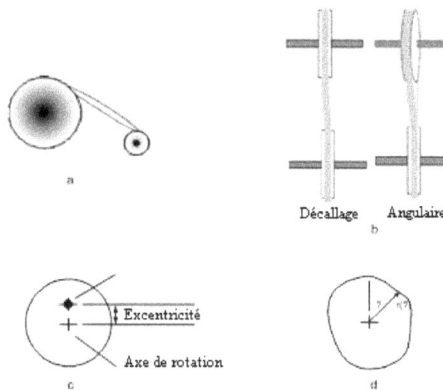

Figure 3.1 Causes des vibrations : (a) Résonance de la bande, (b) Déviation de rouleau, (c) Excentricité de rouleau, (d) Non-circularité de rouleau.

le gaspillage et la coupure de la bande. Les vibrations peuvent augmenter la fréquence de bris de la bande pour des matériaux fragiles tels que le papier. Les vibrations peuvent aussi réduire la durée de vie des composants de la machine.

3.2 Caractéristiques et analyse des vibrations

De nos jours, pour y remédier, presque toute nouvelle structure est soumise à une étude intense de sa susceptibilité à la vibration: pendant sa conception et tout au long de son développement [THO-05]. De la sorte, et en ce qui a trait aux vibrations, le rôle de l'ingénieur consistera à :

- prévoir les résonances dangereuses;
- s'assurer qu'elles se trouvent hors du régime d'opération;
- réduire les sources d'excitation;
- introduire des amortisseurs.

Il est donc nécessaire d'analyser les vibrations d'une structure afin de prédire les fréquences naturelles et la réponse à une excitation prévue. Ces fréquences doivent impérativement être trouvées, car si la structure est excitée à l'une de ces fréquences, alors la résonance surgit et il en résulte des amplitudes importantes de vibration et des niveaux de bruit. En conséquence, la résonance devrait être évitée pour qu'elle ne soit pas rencontrée par la structure pendant les conditions normales; ceci signifie souvent que la structure a besoin seulement d'être analysée sur la gamme de fréquences prévue d'excitation.

Avant de commander un système de transport de bande pour une bonne performance vibratoire, il est important de comprendre, représenter et analyser les caractéristiques vibratoires du système. Les étapes pour résoudre un problème de vibration sont illustrées à la figure 3.2. On développe les modèles analytiques structuraux, soit à partir des lois physiques, telles que les lois de mouvement de Newton, les équations de mouvement de Lagrange qui sont basées sur les concepts d'énergie (cinétique et potentielle), les méthodes graphiques linéaires; les modèles des éléments finis, ou à partir des données de test utilisant les méthodes d'identification de système.

Nous utilisons des équations différentielles linéaires pour représenter des modèles structuraux linéaires dans le domaine temporel, soit sous une forme

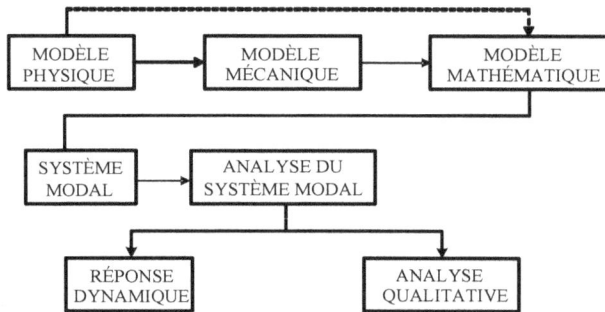

Figure 3.2 Étapes pour résoudre un problème de vibration.

d'équations différentielles du deuxième ordre, soit une forme d'équations différentielles du premier ordre (comme la représentation d'espace d'état). Dans le premier cas, nous utilisons les degrés de liberté de la structure pour décrire la dynamique structurale. Alors que dans le deuxième cas, nous utilisons les états du système pour décrire la dynamique. Les ingénieurs structuraux préfèrent les degrés de liberté et les équations différentielles du deuxième ordre des dynamiques structurales, ce qui n'est pas une surprise puisqu'ils possèdent une série de propriétés mathématiques et physiques utiles. D'autre part, le modèle d'espace d'état est un modèle standard utilisé par les ingénieurs de commande, car la plupart des analyses des systèmes de contrôle linéaire sont données sous la forme d'espace d'état [WOD-04].

On présente dans la section suivante, le modèle générique du système dans l'espace d'état et sa fonction de transfert, suivi du modèle de deuxième ordre d'une structure flexible.

3.2.1 Représentation dans l'espace d'état

Un système linéaire invariant dans le temps (LTI) de dimension finie est décrit par les équations différentielles suivantes à coefficients constants linéaires :

$$\begin{cases} \dot{x} = Ax + Bu \\ y = Cx \end{cases} \tag{3.1}$$

Dans les équations (3.1), le vecteur d'état x est de dimension n, le vecteur d'entrée u de dimension m et la sortie du système y de dimension r et les matrices ($A: n \times n, B: n \times m$ et $C: r \times n$) sont des matrices constantes. Pour le même système présenté par (3.1), les matrices A, B, C et le vecteur d'état ne sont pas uniques et différentes représentations (A, B, C) peuvent donner une relation entrée-sortie identique.

En effet, il est possible de réaliser un changement de variables tel que :

$$x = Rx_n \tag{3.2}$$

où R est une matrice de transformation non singulière. Introduisant x de (3.2) à (3.1) permet d'obtenir une nouvelle représentation d'état

$$\begin{cases} \dot{x}_n = A_n x_n + B_n u \\ y = C_n x_n \end{cases} \tag{3.3}$$

où
$$A_n = R^{-1}AR, \ B_n = R^{-1}B, \quad C_n = CR \tag{3.4}$$

47

Noter que u et y sont identiques dans (3.1) et (3.3); c'est-à-dire que la relation entrée-sortie dans la nouvelle représentation (A_n, B_n, C_n) est identique à la représentation originale (A, B, C). Bien que les relations entrée-sortie restent invariantes, elles font une différence pour l'analyse du système ou la conception du correcteur : quel état ou quelle représentation sera choisi? Par exemple, certaines représentations ont des interprétations physiques utiles alors que d'autres sont plus commodes pour l'analyse et la conception. La représentation d'espace d'état d'un système linéaire peut être représentée par sa fonction de transfert. La fonction de transfert $G(s)$ est alors définie comme un gain complexe entre $y(s)$ et $u(s)$:

$$y(s) = G(s)u(s) \qquad (3.5)$$

Utilisant la transformation de Laplace de (3.1) avec la condition initiale $x(0) = 0$, nous exprimons la fonction de transfert en fonction des paramètres d'état (A, B, C):

$$G(s) = C(sI - A)^{-1}B \qquad (3.6)$$

La fonction de transfert est invariante sous la transformation de coordonnées : $C(sI - A)^{-1}B = C_n(sI - A_n)^{-1}B_n$, ce qui peut être vérifié en introduisant (3.4) dans l'équation ci-dessus.

— **Pôles et Zéros** : *Les pôles, les valeurs propres, ou les fréquences résonantes*, sont les racines de l'équation caractéristique de (3.6). Les *pôles* montrent les fréquences où le système amplifiera les entrées. Les *pôles* d'un système dépendent seulement de la distribution de la masse, la raideur et l'amortissement à travers le système, et non pas où les forces sont appliquées ou où les déplacements sont mesurés. L'origine et l'influence des pôles sont claires, ils représentent les fréquences résonantes du système et pour chaque fréquence résonante, une forme de mode peut être définie pour décrire le

---

48

mouvement à cette fréquence. Les *zéros* de la fonction de transfert sont définis par les racines de son numérateur, ils représentent les fréquences où le système atténuera les entrées. Aux fréquences des zéros, les mouvements s'approchent ou vont à zéro, selon la quantité de présence d'amortissement.

Dans la suite de cette section, nous illustrerons comment les modes individuels de vibration peuvent être combinés aux fréquences spécifiques pour créer des zéros de la fonction de transfert générale. Nous discuterons une interprétation physique des zéros, montrant comment calculer le nombre de zéros pour les diverses fonctions de transfert d'un système de masses connectées en série. Nous étendrons l'analyse développée dans [HAT-00][MIU-93] afin d'en dégager une compréhension intuitive pour prévoir les zéros dans les systèmes de transport de bande et une prédiction des fréquences auxquelles elles se produiront. Nous ne couvrirons pas la théorie, mais nous nous limiterons à indiquer les conclusions de [MIU-93] et à montrer comment ces conclusions se rapportent à notre système de bobineuse.

La figure 3.3 (a) montre une connexion en série de masses et de ressorts pour un total de "n" masses et de "$n + 1$" ressorts. Les degrés de liberté qui représentent les mouvements indépendants des masses sont numérotés de gauche (z_1 pour m_1) à droite (z_n pour m_n). Miu a montré dans [MIU-93] que les zéros d'une fonction de transfert sont définis par le total du nombre de degrés de liberté à gauche de la contrainte (F) et à droite de (z_k). Par exemple pour une fonction de transfert arbitraire de la figure 3.3-c, il y a une structure composée de deux masses à gauche de l'entrée F_3 et une structure composée de deux masses à droite de la sortie z_{n-2}. Le nombre total du degré de liberté (ddl à gauche de l'entrée F_3+ ddl à droite de la sortie z_{n-2}) donnera le nombre total de zéros (4 zéros) dans la fonction de transfert $\left(\frac{Z_{n-2}}{F_3}\right)$.

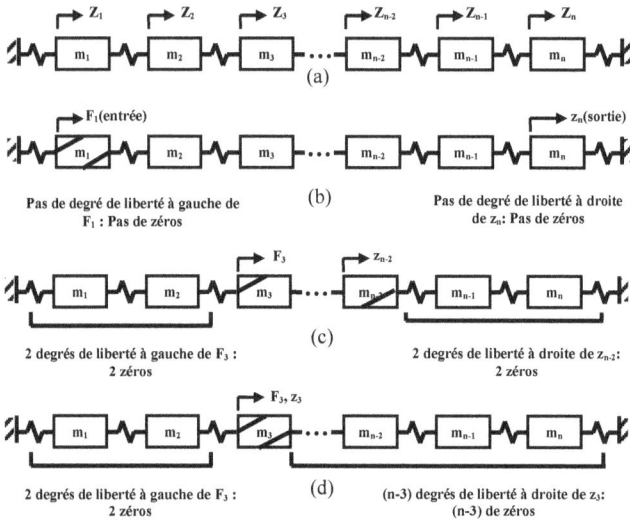

Figure 3.3 Nombre de zéros d'un système de masses connectées en série.

3.2.2 *Modèle structural du deuxième ordre*

Le modèle structural du deuxième ordre est représenté par des équations différentielles linéaires du deuxième ordre qui sont couramment utilisées dans l'analyse des dynamiques structurales. L'analyse des propriétés modales des systèmes vibratoire est utile à l'analyse de leur performance en permettant de reconstruire la réponse générale de tels systèmes à partir de la superposition des réponses de leurs différents modes. La méthode modale permet de remplacer les n-équations différentielles couplées avec n-équations découplées, où chaque équation découplée représente le mouvement du système pour ce mode de vibration. Si les fréquences naturelles et les formes de mode sont disponibles pour le système, alors il est facile de visualiser le mouvement du système pour chaque mode qui représente une première étape afin de comprendre comment modifier le système pour changer ses caractéristiques [HAT-00].

Les équations peuvent être mises dans la forme suivante :

$$M\ddot{q} + D\dot{q} + Kq = B_o u$$

$$y = C_{oq}q + C_{ov}\dot{q} \tag{3.7}$$

qui représente un vecteur d'équations différentielles avec des matrices comme coefficients. $q = q(t)$ est un vecteur de déplacement de n éléments; $\ddot{q}$ et $\dot{q}$ représentent respectivement les vecteurs d'accélération et de vélocité; C_{oq} et C_{ov} sont respectivement les matrices de déplacement et de vélocité de sortie. Les coefficients M, D et K sont des matrices carrées constituées des éléments réels constants représentant divers paramètres physiques du système : la matrice de masse M (définie positive) résulte des forces d'inertie dans le système; la matrice d'amortissement D (semi-définie positive) résulte des forces dissipatives proportionnelles à la vitesse; et la matrice de raideur K (semi-définie positive) résulte des forces élastiques proportionnelles au déplacement.

Considérant les vibrations libres d'une structure sans amortissement, c'est-à-dire, une structure sans excitation externe ($u \equiv 0$) et avec une matrice d'amortissement $D = 0$, l'équation de mouvement (3.7) devient :

$$M\ddot{q} + Kq = 0 \tag{3.8}$$

La solution de cette équation est $q = \phi e^{j\omega t}$. La dérivée seconde de la solution est $\ddot{q} = -\omega^2 \phi e^{j\omega t}$. Remplaçant q et $\ddot{q}$ dans (3.8) il vient :

$$(K - \omega^2 M)\phi e^{j\omega t} = 0 \tag{3.9}$$

Ceci est un système d'équations homogènes pour laquelle une solution existe si le déterminant de $(K - \omega^2 M)$ est zéro :

$$\det(K - \omega^2 M) = 0 \tag{3.10}$$

Cette équation est satisfaite pour l'ensemble de n valeurs de fréquence ω. Ces fréquences sont indiquées $\omega_1, \omega_2, \ldots, \omega_n$, et leur nombre n ne dépasse pas le nombre de degrés de liberté, c'est-à-dire, $n \leq n_d$. La fréquence ω_i est nommée la $i^{ième}$ fréquence naturelle. La substitution de ω_i dans (3.9) produit un ensemble de correspondance de vecteurs $\{ \phi_1, \phi_2, \ldots, \phi_n \}$ qui satisfont cette équation. Le $i^{ième}$ vecteur ϕ_i qui correspond à la $i^{ième}$ fréquence naturelle est appelé $i^{ième}$ mode naturel, ou $i^{ième}$ forme de mode.

La matrice de fréquences naturelles est définie par :

$$\Omega = \begin{bmatrix} \omega_1 & 0 & \cdots & 0 \\ 0 & \omega_2 & \cdots & 0 \\ \vdots & \vdots & \ddots & \vdots \\ 0 & 0 & \cdots & \omega_n \end{bmatrix} \tag{3.11}$$

et la matrice des formes de modes (matrice modale Φ de dimension $(n_d \times n)$ constituée de

n modes naturels) de la structure est définie par :

$$\Phi = \begin{bmatrix} \phi_1 & \phi_2 & \cdots & \phi_n \end{bmatrix} = \begin{bmatrix} \phi_{11} & \phi_{21} & \cdots & \phi_{n1} \\ \phi_{12} & \phi_{22} & \cdots & \phi_{n2} \\ \vdots & \vdots & \ddots & \vdots \\ \phi_{1n_d} & \phi_{2n_d} & \cdots & \phi_{nn_d} \end{bmatrix} \tag{3.12}$$

où ϕ_{ij} est le $j^{ième}$ déplacement du $i^{ième}$ mode, avec

$$\phi_i = \begin{Bmatrix} \phi_{i1} \\ \phi_{i2} \\ \vdots \\ \phi_{in} \end{Bmatrix} \tag{3.13}$$

La matrice modale Φ a une propriété intéressante : elle diagonalise les matrices de masse M et de raideur K.

$$M_m = \Phi^T M \Phi \tag{3.14}$$

$$K_m = \Phi^T K \Phi \qquad\qquad (3.15)$$

Les matrices diagonales obtenues sont appelées matrice de masse modale et matrice de raideur modale. La même transformation est appliquée à la matrice d'amortissement selon :

$$D_m = \Phi^T D \Phi \qquad\qquad (3.16)$$

La matrice d'amortissement modal D_m n'est pas toujours une matrice diagonale. Cependant, dans certains cas, il est possible d'obtenir D_m diagonale. Dans ces cas, la matrice d'amortissement est appelée une matrice d'amortissement proportionnel. La proportionnalité d'amortissement est généralement admise comme hypothèse simplificatrice. Cette approche est justifiée par le fait que la nature d'amortissement n'est pas connue exactement, que ses valeurs sont approximées et que les termes non-diagonaux dans la plupart des cas ont un impact négligeable sur la dynamique structurale. La proportionnalité d'amortissement est souvent atteinte en supposant la matrice d'amortissement comme une combinaison linéaire des matrices de masse et de raideur [WOD-04].

$$D = \alpha_1 K + \alpha_2 M \qquad\qquad (3.17)$$

où α_1 and α_2 sont des scalaires non négatifs.

Les modèles modaux des structures sont des modèles exprimés dans les coordonnées modales. Nous utilisons alors une nouvelle variable q_m, nommée déplacement modal. Ceci est une variable qui satisfait l'équation suivante :

$$q = \Phi q_m \qquad\qquad (3.18)$$

Afin d'obtenir les équations de mouvement pour cette nouvelle variable, nous introduisons (3.18) dans (3.7), et multipliant à gauche (3.7) par Φ^T, nous obtenons

$$\Phi^T M \Phi \ddot{q}_m + \Phi^T D \Phi \dot{q}_m + \Phi^T K \Phi q_m = \Phi^T B_0 u$$

$$y = C_{oq} \Phi q_m + C_{ov} \Phi \dot{q}_m$$

Supposant un amortissement proportionnel et utilisant les équations (3.14), (3.15) et (3.16), nous obtenons l'équation ci-dessus dans la forme suivante :

$$\ddot{q}_m + 2Z\Omega \dot{q}_m + \Omega^2 q_m = B_m u$$

$$y = C_{mq} q_m + C_{mv} \dot{q}_m \tag{3.19}$$

avec : $\Omega^2 = M_m^{-1} K_m$, $2Z\Omega = M_m^{-1} D_m$, $B_m = M_m^{-1} \Phi^T B_0$, $C_{mq} = C_{oq} \Phi$, $C_{mv} = C_{ov} \Phi$

Dans (3.19), Ω et Z sont respectivement les matrices diagonales des fréquences naturelles et des amortissements modaux.

$$Z = \begin{bmatrix} \xi_1 & 0 & \cdots & 0 \\ 0 & \xi_2 & \cdots & 0 \\ \vdots & \vdots & \ddots & \vdots \\ 0 & 0 & \cdots & \xi_n \end{bmatrix} \tag{3.20}$$

où ξ_i est l'amortissement du $i^{\text{ème}}$ mode.

Noter que (3.19) (représentation modale d'une structure) est un ensemble d'équations découplées. En effet, en raison du fait que Ω et Z sont diagonaux, par équivalence, cet ensemble d'équations peut être écrit comme suit :

$$\ddot{q}_{mi} + 2\xi_i \omega_i \dot{q}_{mi} + \omega_i^2 q_{mi} = b_{mi} u$$

$$y_i = c_{mqi} q_{mi} + c_{mvi} \dot{q}_{mi} \ , \quad i = 1, \dots, n \tag{3.21}$$

$$y = \sum_{i=1}^{n} y_i$$

où ξ_i est appelé l'amortissement modal du $i^{\text{ème}}$ mode. Dans les équations ci-dessus, y_i est la sortie du système due aux dynamiques du $i^{ème}$ mode, et le quadruplet $(\omega_i, \xi_i, b_{mi}, c_{mi})$ représente les propriétés du $i^{ème}$ mode naturel. Noter que la réponse structurale y est la somme des réponses modales y_i.

Ceci complète la description de la forme modale. Dans la suite, nous introduisons la fonction de transfert obtenue à partir des équations modales. La fonction de transfert générique est obtenue à partir de l'utilisation de la représentation d'espace d'état (3.6). Les structures dans les coordonnées modales ont une forme spécifique.

Fonction de transfert de la structure. *La fonction de transfert de la structure dérivée de (3.19) est donnée par*

$$G(s) = \left(C_{mq} + sC_{mv}\right)(s^2 I_n + 2Z\Omega s + \Omega^2)^{-1} B_m \qquad (3.22)$$

Cependant, puisque les matrices Ω et Z sont diagonales, ceci peut être représenté dans une forme plus utile en tenant compte de la représentation de chaque mode seulement.

Fonction de transfert de mode. *La fonction de transfert du $i^{ème}$ mode est obtenue de (3.21),*

$$G_{mi}(s) = \frac{(c_{mqi} + sc_{mvi})b_{mi}}{s^2 + 2\xi_i\omega_i s + \omega_i^2} \qquad (3.23)$$

Propriété 3.1. Fonction de transfert dans les coordonnées modales. *La fonction de transfert structurale est la somme des fonctions de transfert modales.*

(a) $\quad G(s) = \sum_{i=1}^{n} G_{mi}(s)$ $\hfill (3.24)$

ou, en d'autres termes,

$$G(s) = \sum_{i=1}^{n} \frac{(c_{mqi} + sc_{mvi})b_{mi}}{s^2 + 2\xi_i\omega_i s + \omega_i^2} \qquad (3.25)$$

La fonction de transfert structurale à la $i^{\grave{e}me}$ fréquence de résonance est approximativement égale à la $i^{\grave{e}me}$ fonction de transfert modale à cette fréquence.

(b) $\quad G(\omega_i) \cong G_{mi}(\omega_i) = \dfrac{(-jc_{mqi}+\omega_i c_{mvi})b_{mi}}{2\xi_i \omega_i^2}, \quad i = 1, \ldots, n$ $\qquad$ (3.26)

Preuve obtenue par (3.23) et (3.24).

Pôles structuraux. *Les pôles d'une structure sont les racines des équations caractéristiques* (3.21). L'équation $s^2 + 2\xi_i \omega_i s + \omega_i^2 = 0$ est l'équation caractéristique du $i^{\grave{e}me}$ mode. Pour des petits amortissements, les pôles sont complexes conjugués de la forme suivante :

$$s_1 = -\xi_i \omega_i + j\omega_i\sqrt{1 - \xi_i^2}\,, \qquad s_2 = -\xi_i \omega_i - j\omega_i\sqrt{1 - \xi_i^2} \qquad (3.27)$$

Le tracé des pôles sur la figure 3.4 montre comment l'emplacement d'un pôle se rapporte à la fréquence naturelle et l'amortissement modal.

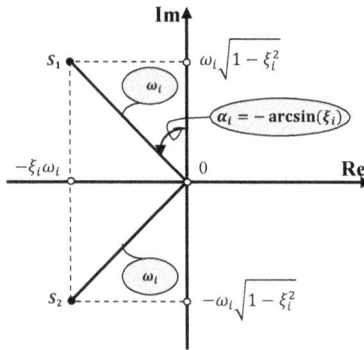

Figure 3.4 Emplacement des pôles du mode (i) d'une structure légèrement amortie.

3.3 Réponses en boucle ouverte de la bobineuse

L'analyse fréquentielle des systèmes implique l'obtention des fonctions de transfert qui associent des variables d'entrées désirées à des variables de sorties désirées. Pour les systèmes de transport de bande, les fonctions de transfert utilisées dans cette analyse sont celles qui fournissent à l'analyste l'information spectrale des variables qui affectent directement la qualité de produit, comme la tension de la bande et la vélocité du rouleau. Par exemple, les fonctions de transfert du couple d'arbres par rapport aux variables de tension et de vitesse sont de grand intérêt pour les ingénieurs de commande de systèmes afin de concevoir des régulateurs de vitesse et de tension. Ces variables sont contrôlées par le couple d'arbre produit par le moteur. L'analyste peut modéliser le système de transport de bande par un système masse-ressort où l'inertie du rouleau (J_k) et la raideur de la bande ($E_k S_k / L_k$) sont respectivement analogues à une masse (M_k) et à un ressort (k_k) en translation. Dans ce cas, les fonctions de transfert reliant la vitesse de rotation (Ω_k) et la tension (T_j) au couple (τ_k) sont supposées être respectivement analogues aux fonctions de transfert reliant la vitesse de translation (v_k) d'une masse (M_k) et la force du ressort $\{k_k(x_k - x_{k-1})\}$ à une force (F_k) appliquée sur (M_k). Dans un sens plus pratique où tous les régulateurs de vitesse fonctionnent en boucle ouverte, les valeurs propres qui résultent d'une telle analyse d'un système de transport de bande sont définies comme les pôles de la fonction de transfert de n'importe quel couple du moteur à n'importe quelle vitesse (Ω_k) ou tension T_j.

La figure 3.5 montre le système de bobineuse en rotation, alors que la figure 3.6 montre le système équivalent masse-ressort composé de cinq masses numérotées de 1 à 5 et dont la toile entre chaque paire de masses est représentée par le modèle Voigt-Kelvin. Les propriétés d'une structure

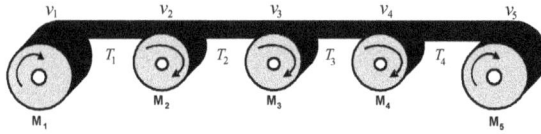

Figure 3.5 Représentation de la bobineuse.

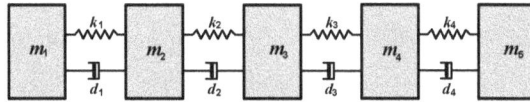

Figure 3.6 Équivalence mécanique de la bobineuse.

flexible typique de la figure 3.6 sont regroupées et illustrées sur les figures 3.7 à 3.14 tel et décrites ci-après (les paramètres pour la simulation sont donnés à l'annexe D).

Les amplitudes des fonctions de transfert des vitesses (v_1 et v_5), des moteurs (M_1 et M_5 respectivement) et celles des tensions de bande (T_1 et T_4) en fonction du couple (C_{em5}) appliqué par le moteur M_5 de la bobineuse sont caractérisées sur la figure 3.7 par :

i) la présence des pics de résonance qui représentent les pôles de la structure aux fréquences naturelles suivantes : $\omega_1 = 3{,}59\ rad \cdot s^{-1}$, $\omega_2 = 7{,}02\ rad \cdot s^{-1}$, $\omega_3 = 9{,}95\ rad \cdot s^{-1}$, $\omega_4 = 11.93\ rad \cdot s^{-1}$,

ii) la présence des pics anti-résonants qui représentent les zéros (4 zéros pour v_5/C_{em5} et 3 zéros pour T_4/C_{em5}). On remarque que pour un amortissement faible, les pics de résonance sont plus grands que ceux d'un plus grand amortissement. Les amplitudes et les phases de chaque fonction de transfert sont illustrées sur la figure 3.7 ou chaque phase présente des changements de 180° à chaque fréquence naturelle.

•   Il y a plusieurs fréquences pour lesquelles la structure résonne. Le mouvement de la structure à ces fréquences est harmonique, ou sinusoïdal. Ce comportement est appelé mode. Le phénomène de résonance mène à une propriété supplémentaire : l'indépendance de chaque mode. Chaque mode est presque excité d'une manière indépendante et la réponse structurale totale est la somme des réponses modales. Nous déterminons les fonctions de transfert des modes 1, 2, 3 et 4 à partir de (3.23) ; les amplitudes et les phases de chaque mode sont montrées sur la figure 3.8. Nous voyons que le pic de résonance pour chaque fréquence naturelle est le même; soit c'est la structure totale qui est excitée ou c'est le mode individuel qui est excité. Cela montre que l'impact de chaque mode sur les autres est négligeable.

•   L'emplacement des pôles et des zéros de la structure sont montrés sur les figures 3.9 et 3.10 où on considère deux structures différentes qui dépendent fortement de l'amortissement :

  i) les pôles de la structure avec un faible amortissement,
  ii) les pôles de la structure avec un plus grand amortissement.

Dans les deux cas, les pôles de cette structure sont conjugués complexes et chaque paire complexe conjuguée représente un mode structural, la partie réelle du pôle représente le taux d'amortissement du mode et le module du pôle représente la fréquence naturelle du mode. Nous constatons à partir des figures 3.9 et 3.10 que la présence des amortissements dans la structure présente un grand impact sur les parties réelles des pôles; l'emplacement des pôles dans les deux structures indique qu'ils ont les mêmes fréquences naturelles, mais différents amortissements.

• La réponse impulsionnelle à C_{em5} et le spectre de v_1 et T_4 obtenue à partir de (3.19) sont montrés respectivement sur les figures 3.11 et 3.13, celle-ci consiste en quatre harmoniques (réponses de quatre modes) de fréquences naturelles $\omega_1 = 3,59\ rad \cdot s^{-1}$, $\omega_2 = 7,02\ rad \cdot s^{-1}$, $\omega_3 = 9,95\ rad \cdot s^{-1}$, $\omega_4 = 11.93\ rad \cdot s^{-1}$, ces harmoniques sont plus explicites sur la figure de la réponse impulsionnelle spectrale montrant des pics de spectre à ces fréquences. La réponse impulsionnelle est le domaine temporel associé à une fonction de transfert d'après le théorème de Parseval; la propriété 3.1 peut être écrite dans le domaine temporel comme :

$$h(t) = \sum_{i=1}^{n} h_i(t) \tag{3.28}$$

La réponse impulsionnelle de la structure $h(t)$ est la somme des réponses modales $h_i(t)$. Ceci est illustré dans les figures 3.12 et 3.14 où les réponses impulsionnelles des modes 1, 2, 3 et 4 sont tracées. Clairement, la réponse totale est similaire à celle des figures 3.11 et 3.13 : la somme des réponses individuelles de chaque mode. Noter que chaque réponse est une sinusoïde de fréquence égale à la fréquence naturelle et d'amplitude décroissant exponentiellement proportionnellement à l'amortissement modal $h_i(t)$. Noter également que les réponses en haute fréquence décroissent plus rapidement. Pour un amortissement faible, la réponse impulsionnelle décroit plus lentement que la réponse avec un plus grand amortissement. L'amortissement influence la réponse et pour un faible amortissement, la réponse est plus oscillatoire que celle de la structure avec un plus grand amortissement.

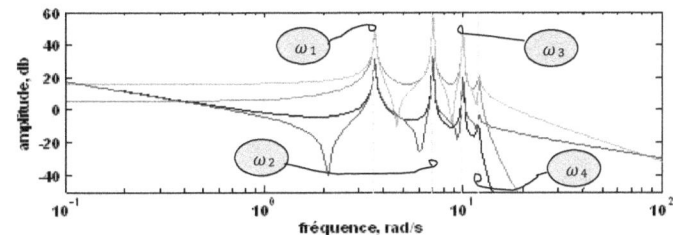

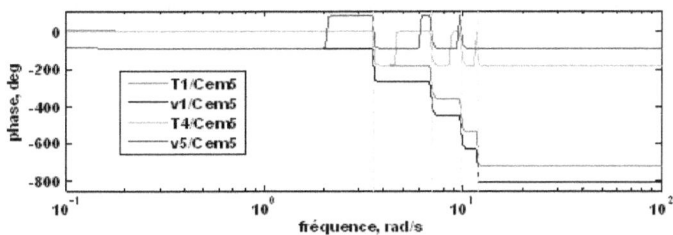

(a) Faible amortissement

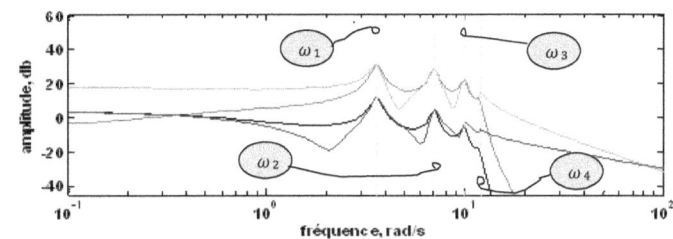

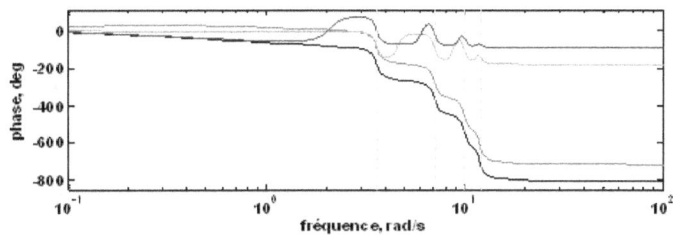

(b) Grand amortissement

Figure 3.7 Amplitudes et phases des différentes fonctions de transfert —
Impact de l'amortissement sur les pics de résonnance.

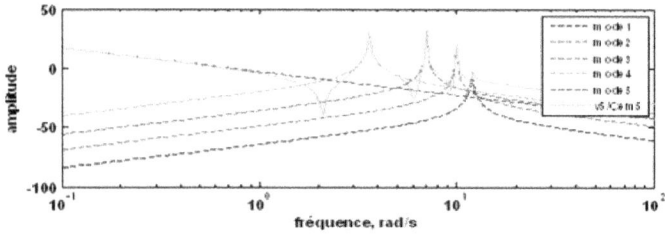

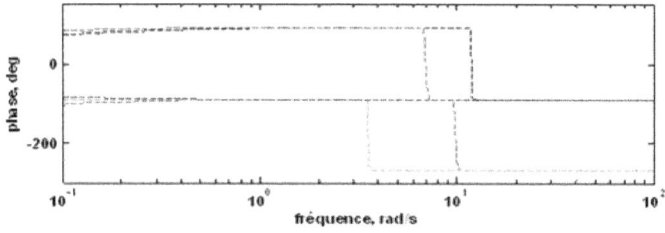

(a) v_5/Cem_5

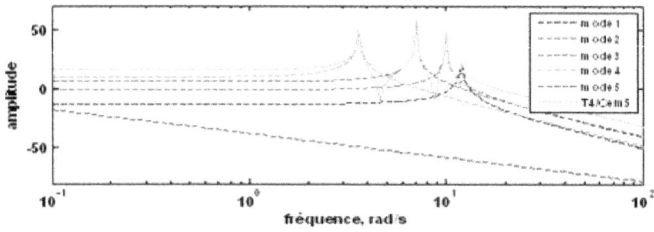

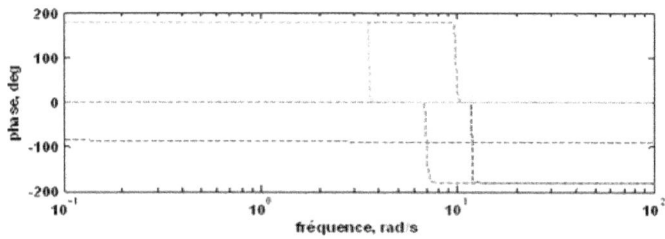

(b) T_4/Cem_5

Figure 3.8 Amplitudes et phases de la structure ainsi de chaque mode— Illustration que la fonction de transfert de la structure est la somme des fonctions de transfert modales.

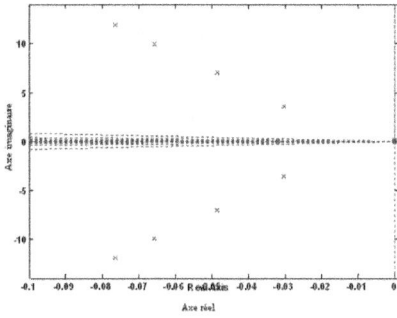

(a) Faible amortissement   (b) Amortissement élevé

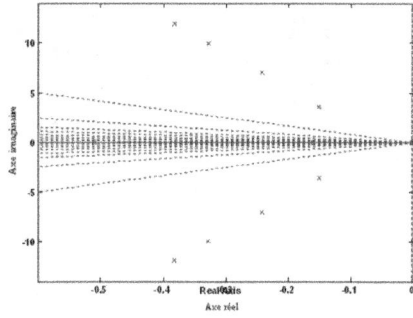

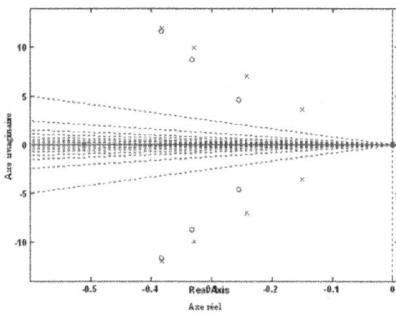

Figure 3.9 Pôles (*) et zéros (o) de la structure (v_5/Cem_5) — Impact de l'amortissement sur les parties réelles.

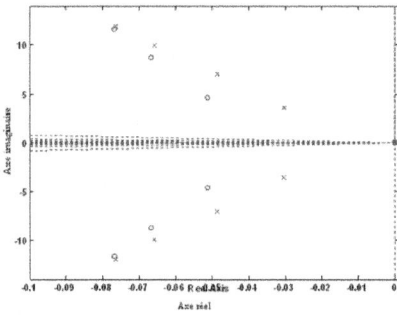

(a) Faible amortissement   (b) Amortissement élevé

Figure 3.10 Pôles (*) et zéros (o) de la structure (T_4/Cem_5) — Impact de l'amortissement sur les parties réelles.

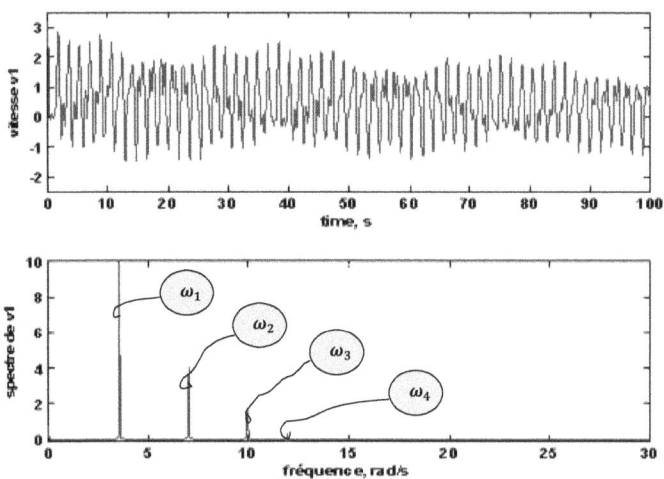

(a) Faible amortissement

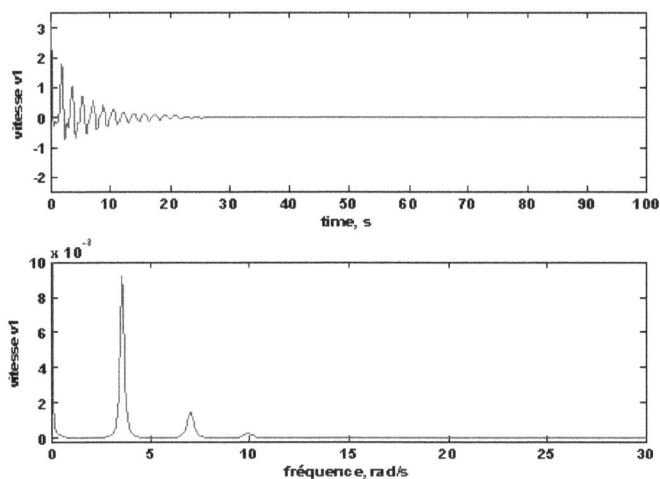

(b) Grand amortissement

Figure 3.11 Réponse impulsionnelle à Cem_5 et spectre de v_1 — Illustration de la composition harmonique.

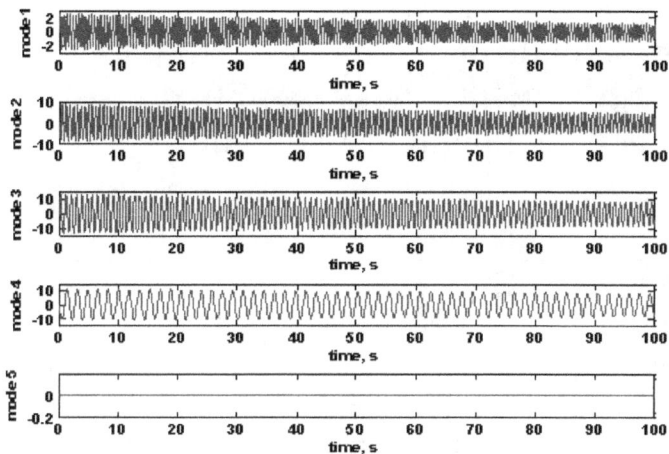

(a) Faible amortissement

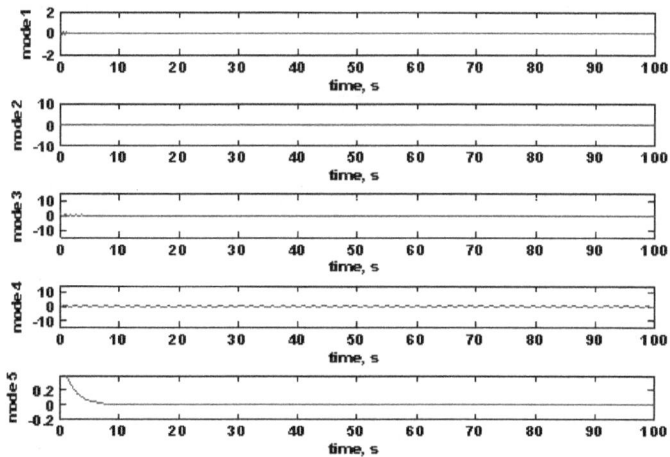

(b) Grand amortissement

Figure 3.12 Réponse impulsionnelle à Cem_5 de chaque mode pour la vitesse v_1.

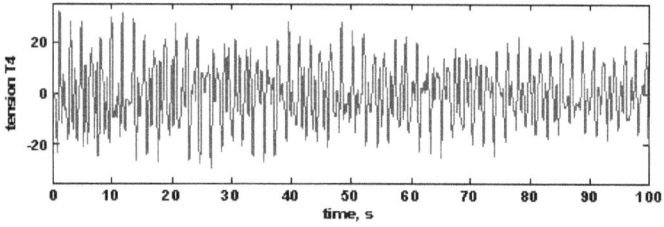

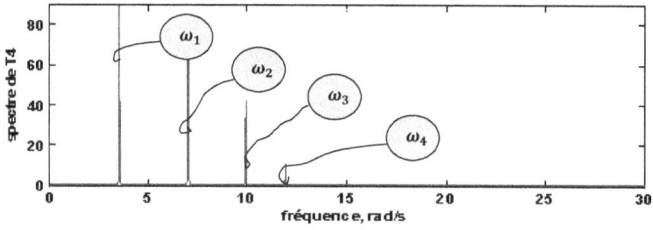

(a) faible amortissement

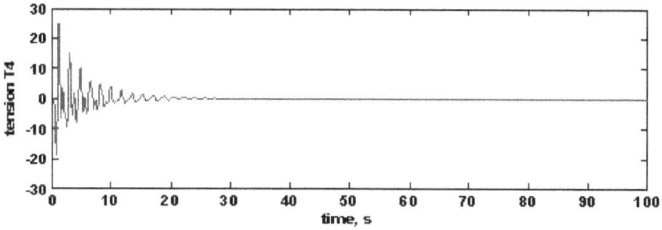

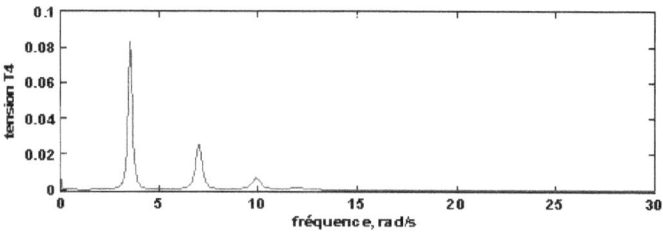

(b) Grand amortissement

Figure 3.13 Réponse impulsionnelle à Cem_5 et le spectre de T_4 — Illustration de la composition harmonique.

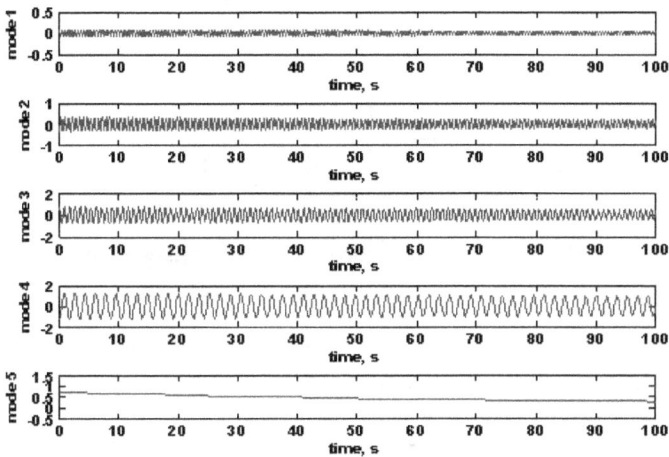

(a) Faible amortissement

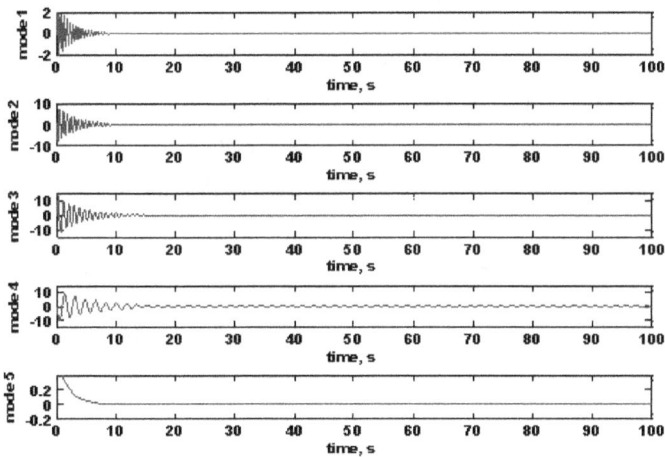

(b) Grand amortissement

Figure 3.14 Réponse impulsionnelle à Cem_5 de chaque mode pour la tension T_4.

*— Influence du module de Young de la bande et de l'inertie du dérouleur-
enrouleur sur le procédé de bobineuse*

Suivant la matière première, le module de Young E prend des valeurs très différentes. Ce paramètre, qui est affecté par l'humidité et la température, a une grande influence sur le procédé de bobineuse. D'autre part, la variation des rayons et des inerties du dérouleur-enrouleur affecte aussi significativement le procédé de bobineuse. Une variation de la longueur effective de bande entre les rouleaux est aussi présente et est notamment due à l'effet d'air emprisonné entre les couches de la bande qui résulte un dérouleur/enrouleur dont la forme est plus elliptique que circulaire.

Afin de voir l'effet et l'influence des variations de ces paramètres sur la bobineuse, la réponse fréquentielle de la tension du dernier étage de la bobineuse T_4/Cem_5 est donnée pour différentes valeurs du module de Young E et de l'inertie J_5. Le grand risque peut se poser lorsque les pics de résonance se situent dans la bande passante du système commandé. Nous observons à la figure 3.15 que le pic de résonance se déplace vers la zone des basses fréquences (hautes fréquences) quand le module de Young diminue (augmente), c'est-à-dire lorsque la bande devient de plus en plus élastique (rigide). Cette diminution (augmentation), comme déjà vue, est causée principalement par les variations de la température ou de l'humidité. En revanche, quand l'inertie de l'enrouleur diminue (augmente), nous observons sur la figure 3.16 que le pic de résonance se déplace vers la zone des hautes fréquences (basses fréquences).

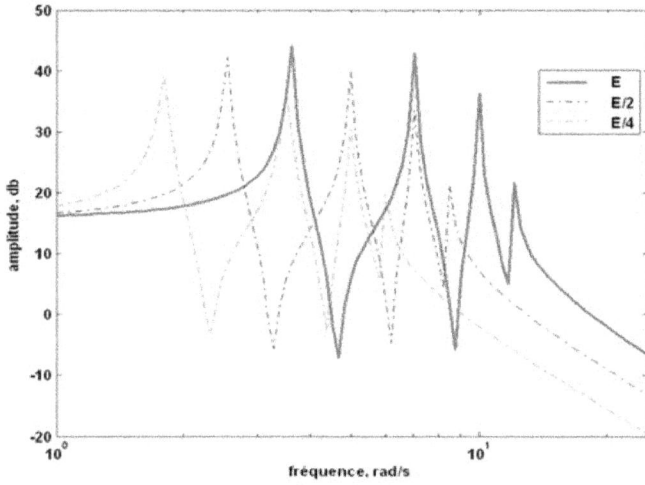

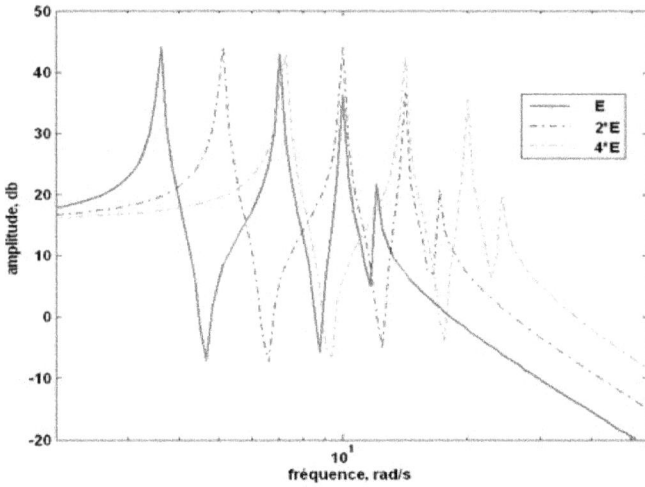

Figure 3.15 Influence du module de Young de la bande sur la réponse fréquentielle de T_4/Cem_5.

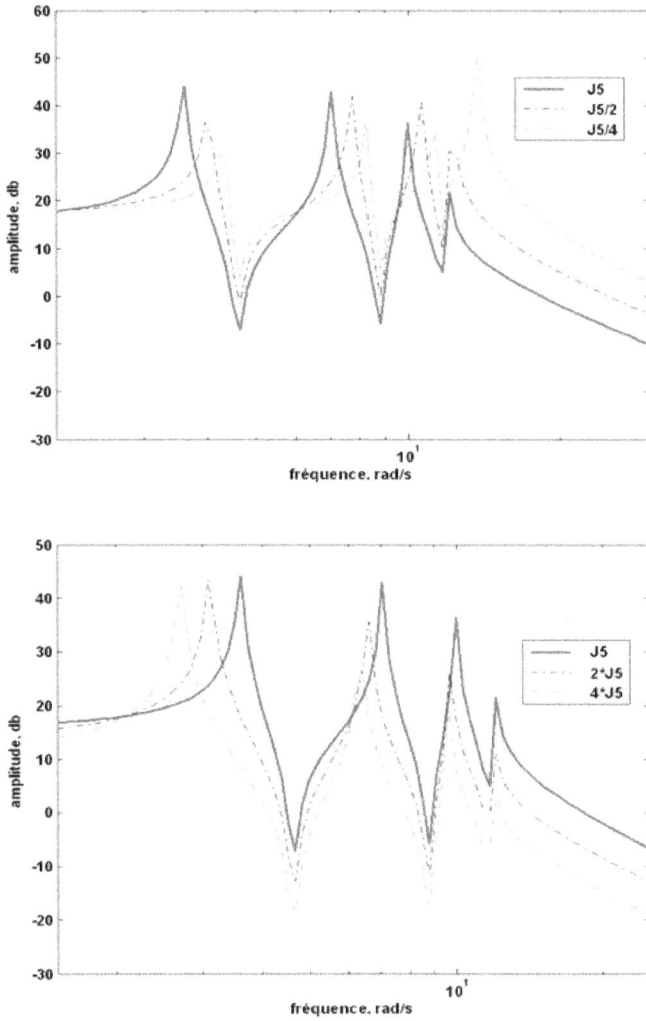

Figure 3.16 Influence de l'inertie J_5 sur la réponse fréquentielle de T_4/Cem_5

3.4 Classification des techniques et méthodes de réduction des vibrations

Les vibrations rencontrées dans cette industrie sont donc très indésirables puisqu'elles posent des problèmes critiques de performance et de stabilité et cela peut engendrer des répercussions économiques considérables. Néanmoins, il est possible de limiter leurs effets grâce à trois types de techniques de réduction de vibrations.

— la technique d'*annulation* (ou suppression), utilisée surtout pour éliminer le bruit engendré par la vibration et non la vibration elle-même, se fait par la production d'une source de bruit secondaire émettant le négatif du bruit primaire afin d'aboutir à une annulation des deux sources;

— la technique d'*isolation* qui consiste à éviter la transmission des vibrations d'un système à un autre sans pour autant éliminer les vibrations du système émetteur;

— la technique d'*atténuation*, est utilisée pour diminuer l'amplitude des vibrations d'un système. Les techniques d'atténuation consistent à diminuer l'amplitude des vibrations structurales dont les fréquences sont dans le voisinage des fréquences propres de la structure. Par conséquent, ces techniques permettent d'atténuer, ou même d'éliminer, les résonances de la structure.

Du point de vue de l'automaticien, les nécessités structurales se traduisent par un abaissement de la fréquence des modes de résonance qui viennent interagir avec la bande passante de commande des systèmes embarqués. Ces modes, qui ont un amortissement naturel très faible (en général de quelques %), peuvent être excités par une source de perturbations externe, ou par la loi de commande elle-même. Face à cette difficulté, une solution logique semble être d'accroître l'amortissement des résonances, afin de les rendre moins pénalisantes. En général, les différentes méthodes de commande de vibrations permettant de réaliser l'atténuation vibratoire globale d'un système donné sont classées en deux catégories [VIN-96][ALK-03] :

- les méthodes de commande passives,
- les méthodes de commande actives.

Les techniques passives d'amortissement des vibrations structurales utilisent l'intégration ou l'ajout de matériaux ou systèmes possédant des propriétés amortissantes couplés à la structure de telle façon que les vibrations de la structure soient amorties passivement, et ce sans aucun apport supplémentaire d'énergie au système, d'où leur dénomination de ''méthodes passives''. Malheureusement, leur coût de mise en œuvre peut rapidement devenir prohibitif. De plus, elles sont peu efficaces sur les vibrations situées dans les basses fréquences (typiquement en dessous de 1 à 2 kHz).

Un amortisseur passif est fondamentalement conçu pour réduire seulement un mode de vibration particulier de la structure. En revanche, un amortisseur actif peut amortir une large bande de fréquences. L'étude de la commande active des structures est une extension logique de technologie de la commande passive. Un système de commande est actif si un ou plusieurs actionneurs appliquent des forces sur une structure selon une loi de commande et en utilisant pour leur fonctionnement une source d'énergie externe. Ces forces peuvent être utilisées pour ajouter ou dissiper l'énergie de la structure à commander. Afin de construire un tel système, il existe deux approches qui sont radicalement différentes : la première consiste à identifier la perturbation qui crée les vibrations pour l'annuler en lui superposant une excitation "inverse". Cette stratégie de commande active est appelée commande par anticipation *(feedforward)*. Elle est surtout développée en acoustique, mais elle est aussi très utile pour la commande de vibration des structures. La deuxième consiste à identifier la réponse de la structure plutôt que l'excitation qui la fait vibrer. Elle nécessite, donc, la modélisation du comportement dynamique de la structure. Le travail de commande des vibrations qui porte sur ce type de stratégie est appelé commande par boucle de rétroaction *(feedback)*. Les aspects majeurs de la commande par *rétroaction* et par *anticipation* sont résumés dans le Tableau 3.1 [ALK-03].

Tableau 3.1. Comparaison des stratégies de commande.

Type de commande	Avantage	Désavantage
Rétroaction Amortissement actif	•Simple à appliquer et exigeant le moins de calculs; •Ne requiert pas une haute précision du modèle ; •Assure la stabilité.	•Efficace seulement près de la résonance.
Anticipation Filtrage adaptatif de la référence	•Aucun modèle n'est nécessaire; •Robuste aux inexactitudes dans l'estimation du système et aux variations des fonctions de transfert du système ; •Plus efficace pour les perturbations à bande étroite.	•Le signal de référence/erreur est exigé; •Méthode locale et peut amplifier la vibration ailleurs; •Temps de calcul considérable.
Basée sur modèle (LQG, H∞,...)	•Méthode globale; •Exige un modèle précis du système; •Atténue toutes les perturbations à l'intérieur de la largeur de bande de la commande.	•Largeur de bande limitée; •Limitée à de faibles délais pour une large bande passante; •Débordement.

La nécessité de disposer de systèmes de commande à la fois fiables et robustes comme la commande passive et efficaces et commandables comme la commande active a motivé récemment le développement de systèmes de commande hybride active-passive utilisé dans le même traitement. Entre les deux se trouve une classe de dispositifs intermédiaires souvent appelés *semi-actifs* qui mettent en œuvre le rebouclage d'une mesure locale sur un système actif dont l'objectif est de dissiper de l'énergie. Ces dispositifs se comportent donc comme des systèmes passifs, mais ont cependant l'avantage majeur de pouvoir être réglés et adaptés après lancement [ALK-03][TRI-00][GRA-00].

3.5 Conclusion

Dans la première partie de ce chapitre, nous avons cité les différentes causes et sources des vibrations, ainsi que leurs effets engendrés dans l'industrie de transport de bande. Cela nous a conduits à exposer les étapes pour résoudre un problème de vibration d'une structure flexible qu'on peut représenter soit avec un modèle d'espace d'état ou bien avec un modèle de deuxième ordre. Cette étude nous a aidé ensuite à présenter les différentes réponses fréquentielles en boucle ouverte d'un système composé des masses/ressorts, équivalent au système de la bobineuse, dont on a montré en premier lieu l'impact des amortissements introduite afin d'atténuer les pics de résonance, ensuite l'influence des variations du module d'élasticité de la bande et de l'inertie du dérouleur-enrouleur sur le procédé de bobineuse. La fin du chapitre était consacrée à présenter les divers types de techniques de réduction de vibration et différentes stratégies de commande afin de limiter leurs effets néfastes. Donc une conception et une commande appropriées sont cruciales afin de maintenir un niveau supérieur de qualité et d'efficacité de production.

Le chapitre suivant propose dans ce cadre une piste qui apparut intéressante afin d'atteindre les caractéristiques recherchées. Cette piste permet de développer des lois de commande performantes et réalisables à base de développements basés sur la commande des systèmes Hamiltoniens à ports commandés et sur la passivité.

Chapitre 4—Passivité et commande des systèmes Hamiltoniens commandés par ports

Dans ce chapitre, nous introduisons la technique de commande basée sur l'énergie pour les systèmes Hamiltoniens à ports. Le point important est que le modèle mathématique du système est présenté comme un système Hamiltonien à ports, lequel est utilisé pour déterminer comment concevoir un système de commande afin d'améliorer les performances de vibration en utilisant la commande de rétroaction active de sortie. Celle-ci fournit une autre avenue aux méthodes de conception passives. Cependant, il est nécessaire de présenter et discuter les définitions de base et les résultats classiques sur la passivité et les systèmes passifs en général afin d'introduire et de comprendre certaines des techniques de commande les plus importantes développées pour la stabilisation des systèmes Hamiltoniens à ports, à savoir : injection d'amortissement (*damping injection*), commande par interconnexion et mise en forme de l'énergie (*energy shaping*).

4.1 Concepts de base de la théorie de passivité

4.1.1 Introduction

La commande basée sur la passivité (*Passivity Based Control*, PBC) a été introduite pour définir une méthodologie de conception de commandes assurant la stabilité des systèmes en rendant passifs des sous-systèmes convenablement définis [ORT-98]. L'idée de base de la *PBC* consiste à modifier l'énergie totale du système en lui rajoutant un terme d'amortissement. Si par cette commande, on modifie l'énergie du système pour converger vers une énergie désirée qui représente un minimum pour les coordonnées désirées, alors l'état du système converge vers le minimum. Un régulateur basé sur la passivité doit être capable d'injecter un terme dissipatif additif au système. Alors, la vitesse de convergence à l'état désiré peut être améliorée par rapport à celle obtenue avec la dissipation naturelle fournie par le système.

Dans la suite, nous donnons quelques indications sur la notion de passivité qui, tout en étant très proche du Théorème du petit Gain, fournit une autre manière de garantir la stabilité d'un système bouclé. La passivité est une notion particulièrement utile pour l'étude des systèmes flexibles, c'est-à-dire comprenant des modes résonants.

4.1.2 Définitions

Considérerons le cas général d'un système dynamique et continu décrit par

$$H : \begin{cases} \dot{x} = f(x,u) \\ y = h(x,u) \end{cases} \tag{4.1}$$

où $x \in \mathbb{R}^n$ représente le vecteur d'état du système et prend des valeurs dans *l'espace d'état X*. L'état x est considéré comme variant dans le temps et il est uniquement déterminé par sa valeur initiale $x(0)$ et par l'entrée u. La variable $u \in \mathbb{R}^m$ représente le vecteur d'entrée et prend des valeurs dans un *espace d'entrée U*. La variable $y \in \mathbb{R}^r$ représente la sortie du système et fait partie de l'espace Y appelé *espace de sortie*.

Définition 4.1. Taux d'approvisionnement [WIL-72-a]. *Supposons qu'au système H donné par (4.1) est associée une fonction $w : U \times Y \to \mathbb{R}$ appelée taux d'approvisionnement ; pour tout $u \in U$ et chaque $x_0 \in X$, nous*

76

avons

$$\int_0^t w\big(u(\tau), y(\tau)\big)d\tau < +\infty, \qquad \forall\, t \geq 0 \quad \square \tag{4.2}$$

Définition 4.2. Système dissipatif [WIL-72-a]. *Le système (4.1) avec le taux d'approvisionnement w est dissipatif s'il existe une fonction* $\mathbf{S} : X \rightarrow \mathbb{R}^+$, *pour tout* $t_0 \leq t_1$, *telle que :*

$$\mathbf{S}(t_1) - \mathbf{S}(t_0) \leq \int_{t_0}^{t_1} w\big(u(\tau), y(\tau)\big)d\tau \quad \square \tag{4.3}$$

La fonction d'approvisionnement $w\big(u(t), y(t)\big)$ représente le taux auquel se fait l'approvisionnement en énergie si l'énergie apportée est $(u(t), y(t))$. La fonction $\mathbf{S}$ s'appelle une fonction de stockage et généralise la notion de fonction d'énergie pour un système dissipatif. Avec cette interprétation, l'inégalité (4.3) formalise l'idée qu'un système dissipatif est caractérisé par la propriété que le changement de la quantité interne d'énergie $\mathbf{S}\big(x(t_1)\big) - \mathbf{S}(x(t_0))$ sur l'intervalle $[t_0, t_1]$ n'excédera jamais la quantité d'énergie qui alimente le système. En d'autres termes, une partie de ce qui est fourni au système est stockée tandis que la partie restante est absorbée. L'inégalité (4.3) est connue sous le nom d'inégalité de dissipation.

Définition 4.3. Système passif [BYR-91]. *La passivité est la dissipativité avec la fonction d'approvisionnement suivante* $w\big(u(t), y(t)\big) = u^T(t)y(t)$ *avec la fonction de stockage qui satisfait* $\mathbf{S}(0) = 0$. $\square$

En considérant les deux situations limites possibles pour l'inégalité de dissipation (4.3), il est possible d'introduire les sous-classes suivantes des systèmes passifs.

Définition 4.4. Système sans perte (*lossless*) [BYR-91]. *Le système (4.1) est sans perte si et seulement s'il est passif avec la fonction de stockage* $\mathbf{S}$ *et*

$$\mathbf{S}(x) - \mathbf{S}(x_0) = \int_{t_0}^{t_1} u^T y(t) \, dt \, , \tag{4.4}$$

pour tous $t_1 \geq t_0 \geq 0.$ □

Définition 4.5. Système état strictement passif [BYR-91]. *Le système (4.1) est strictement passif par rapport à l'état si et seulement s'il est passif avec la fonction de stockage* **S** *et s'il est possible de trouver une fonction définie positive* $\mathrm{T} : X \rightarrow \mathbb{R}$ *tel que*

$$\mathbf{S}(x) - \mathbf{S}(x_0) = \int_{t_0}^{t_1} u^T y(t) \, dt - \int_{t_0}^{t_1} \mathrm{T}\big(x(t)\big) dt \quad \square \tag{4.5}$$

4.2 Propriétés des systèmes passifs

4.2.1 Stabilité des systèmes passifs

La stabilité n'est pas toujours assurée par la passivité. Pour cela, des conditions additionnelles sont exigées.

Définition 4.6. Détectabilité et observabilité de l'état zéro [BYR-91]. *Le système donné par (4.1) est zéro-état observable* (ZEO) *si pour chaque* $x \in X,$

$$y(t) = h\big(\phi(t, t_0, x, 0)\big) = 0, \ \forall \, t \geq t_0 \geq 0 \ \Rightarrow \ x = 0 \tag{4.6}$$

Le système est zéro-état détectable (ZED) *si pour chaque* $x \in X,$

$$y(t) = h\big(\phi(t, t_0, x, 0)\big) = 0, \ \forall \, t \geq t_0 \geq 0 \ \Rightarrow \ \lim_{t \to \infty} \phi(t, t_0, x, 0) = 0 \tag{4.7}$$

où $\phi(\cdot)$ *représente la solution pour* $x(t).$ □

Avec la définition de $ZED,$ le lien entre la passivité et la stabilité de Lyapunov peut être établi.

Théorème 4.1. Passivité et stabilité [SEP-97]. *Soit un système H décrit par (4.1) passif avec une fonction de stockage* **S**(x).

1. *Si la fonction* $\mathbf{S}(x)$ *est définie positive, alors l'équilibre* $x = 0$ *de H avec* $u = 0$ *est stable selon Lyapunov.*

2. *Si le système H est ZED, alors l'équilibre* $x = 0$ *de H avec* $u = 0$ *est Lyapunov stable.*

3. *Si en plus de la condition 1 ou de la condition 2,* $\mathbf{S}(x)$ *est non bornée (c.-à-d.,* $\mathbf{S}(x) \to \infty$ *quand* $\|x\| \to \infty$), *alors l'équilibre* $x = 0$ *dans les conditions ci-dessus est globalement stable (GS).* □

4.2.2 Propriété de Kalman–Yacubovich–Popov (KYP)

Une des propriétés les plus importantes des systèmes passifs est liée à la définition suivante.

Définition 4.7. Propriété Kalman–Yacubovich–Popov [BYR-91]. *Considérons un système de commande affine (cas spécial du système (4.1)) suivant:*

$$H : \begin{cases} \dot{x} = f(x) + g(x)u \\ y = h(x) \end{cases} \tag{4.8}$$

où $x \in X \subset \mathbb{R}^n$, $u \in U \subset \mathbb{R}^m$ *and* $y \in Y \subset \mathbb{R}^r$. *On dit qu'on a une propriété Kalman-Yacubovitch-Popov (KYP) s'il existe une fonction non négative* $\mathbf{S}(x): X \to \mathbb{R}$, *avec* $\mathbf{S}(0) = 0$ *tel que*

$$L_f \mathbf{S}(x) = \frac{\partial \mathbf{S}(x)}{\partial x} f(x) \leq 0 \tag{4.9}$$

$$L_g \mathbf{S}(x) = \frac{\partial \mathbf{S}(x)}{\partial x} g(x) = h^T(x) \quad □ \tag{4.10}$$

Proposition 4.1 [HIL-76]. Le système (4.8) a la propriété KYP, si et seulement s'il est passif avec la fonction de stockage $\mathbf{S}$. Réciproquement, si le système (4.8) a la propriété de KYP, alors il est passif avec la fonction de stockage $\mathbf{S}$. □

Pour un système linéaire invariant dans le temps (LTI), il existe une fonction de stockage quadratique $\mathbf{S}(x) = x^T P x$ (avec une matrice P définie positive), menant à la version linéaire suivante de la condition KYP:

Proposition 4.2 [WIL-72-b]. *Considérons un système LTI stable :*

$$\begin{cases} \dot{x} = Ax + Bu \\ y = Cx + Du \end{cases} \qquad (4.11)$$

Ce système est passif si et seulement s'il existe des matrices $P, L \in \mathbb{R}^{n \times n}$ $Q \in \mathbb{R}^{m \times n}$, et $W \in \mathbb{R}^{m \times m}$ avec $P > 0$, $L > 0$ (définies positives) tel que :

$$A^T P + PA = -Q^T Q - L$$

$$B^T P - C = -W^T Q \qquad (4.12)$$

$$W^T W = D + D^T \qquad \square$$

La condition ci-dessus peut être représentée en utilisant une inégalité matricielle linéaire (LMI) désignée par le lemme suivant.

Lemme 4.1. Lemme réel positif [BOY-94]. *Un système stable donné par (4.11) avec $D \neq 0$ est passif si et seulement s'il existe une matrice définie positive P tel que :*

$$\begin{bmatrix} A^T P + PA & PB - C^T \\ B^T P - C & -D - D^T \end{bmatrix} < 0 \qquad \square \qquad (4.13)$$

4.2.3 Propriété Entrée-Sortie

L'inégalité (4.9) est liée à la stabilité, alors que (4.10) définit une propriété d'entrée-sortie. La propriété d'entrée-sortie des systèmes passifs mène à la définition des systèmes réels positifs.

Définition 4.8. Système réel positif [BYR-91]. *On dit qu'un système est réel positif si pour $t_1 \geq t_0 \geq 0$, $u \in U$,*

$$\int_{t_0}^{t_1} y^T(t)u(t)dt \geq 0 \tag{4.14}$$

quand $x(t_0) = 0$. □

Pour les systèmes linéaires stables, la propriété d'entrée-sortie peut être définie sur les fonctions de transfert en introduisant des fonctions de transfert réelles positives.

Définition 4.9. Fonctions de transfert réelles positives [WIL-72-b]. *Une fonction de transfert* $G(s)$ *est réelle positive si*

- $G(s)$ *est analytique,* $\forall \omega \geq 0 \Rightarrow Re[G(j\omega)] \geq 0$;

- $G(j\omega) + G^*(j\omega) \geq 0$ *pour toute fréquence* ω, *où* $j\omega$ *n'est pas un pôle de* $G(s)$, *s'il y a des pôles* $p_1, p_2, \dots, p_q$ *de* $G(s)$ *sur l'axe imaginaire, qui sont non-répétés et la matrice de résidu aux pôles* $\lim_{s \to p_i}(s - p_i)G(s)$ $(i = 1, \dots, q)$ *est hermitienne et semi-définie positive.*

La fonction de transfert $G(s)$ *est dite strictement réelle positive (SPR) si*

- $G(s)$ *est analytique sans pôle sur l'axe imaginaire,* $\forall \omega \geq 0 \Rightarrow Re[G(j\omega)] > 0$;

- $G(j\omega) + G^*(j\omega) > 0$ $\forall \omega \in (-\infty, +\infty)$ □

Théorème 4.2. Système linéaire passif [WIL-72-b]. *Un système linéaire* (4.11) *est passif (strictement passif) si et seulement si sa fonction de transfert* $G(s) := C(sI - A)^{-1}B + D$ *est réelle positive (strictement réelle positive).* □

4.3 Interconnexion des systèmes passifs

Les propriétés de déphasage relatif des systèmes passifs impliquent des conditions importantes de stabilité de rétroaction de sortie, qui peuvent être employées pour déterminer la stabilité des réseaux des systèmes connectés. Il est donc très facile de commander un système passif par l'intermédiaire de la rétroaction de sortie. Par exemple, un système passif linéaire $(G(s) = \frac{1}{s})$ peut être stabilisé par tout correcteur proportionnel avec un gain positif. De même, nous avons la condition de stabilité suivante pour les systèmes non-linéaires.

Théorème 4.3. Stabilisation par rétroaction statique [BAO-07]. *Pour un système non linéaire passif H donné par* (4.8), *une loi de commande de rétroaction de sortie proportionnelle* $u = -Fy$ *stabilise asymptotiquement l'équilibre* $x = 0$ *pour* $F > 0$, *à condition que H soit ZED.* □

Théorème 4.4. Interconnexion des systèmes passifs [BAO-07]. *Supposant que les systèmes* H_1 *et* H_2 *sont passifs (figure 4.1). Alors les deux systèmes dont l'un est obtenu par l'interconnexion parallèle et l'autre obtenu par l'interconnexion de rétroaction, sont tous deux passifs. Si les systèmes* H_1 *et* H_2 *sont ZED et leur fonction respective de stockage* $\mathbf{S}_1(x_1)$ *et* $\mathbf{S}_2(x_2)$ *sont continues et dérivables* (C^1), *alors l'équilibre* $(x_1, x_2) = (0,0)$ *des deux interconnexions est stable.* □

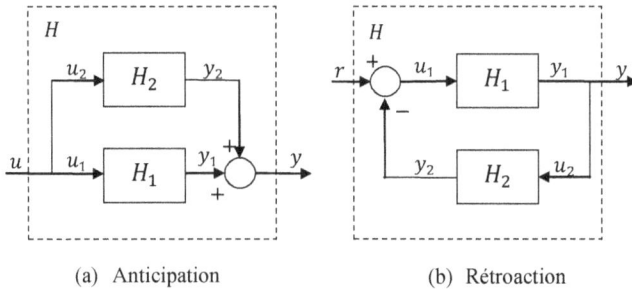

(a) Anticipation   (b) Rétroaction

Figure. 4.1 Interconnexion des systèmes passifs.

Rendre un processus passif par l'intermédiaire de la rétroaction ou de l'anticipation s'appelle *passivation*. Puisque les systèmes passifs sont stables et faciles à commander, la passivation est souvent une étape utile à la conception de commande. Par exemple, nous pouvons rendre un processus passif et puis stabiliser le système passif avec un correcteur (strictement) passif (*par exemple*, un correcteur statique de rétroaction de sortie tel que donné dans le théorème 4.3).

La condition de stabilité précédente peut être davantage exploitée en présentant la notion d'indice de passivité.

4.3.1 Indice de passivité

Pour étendre les conditions de passivité basées sur la stabilité à des cas plus généraux pour les systèmes passifs et non-passifs, nous devons définir les indices de passivité qui mesurent le degré de passivité. Les indices de passivité peuvent être définis en termes d'excès ou de manque de passivité (figure 4.2).

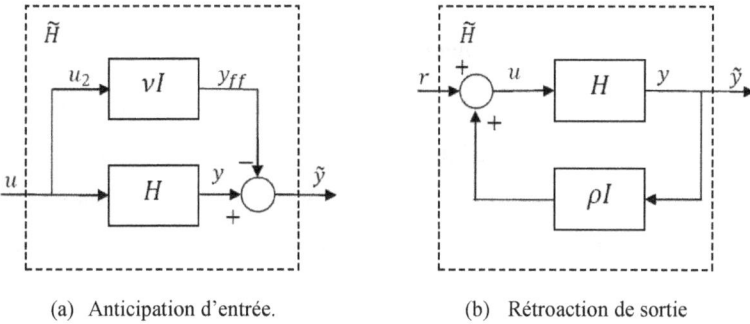

(a) Anticipation d'entrée.   (b) Rétroaction de sortie

Figure. 4.2. Excès et manque de passivité.

Définition 4.10. Excès/manque de passivité [SEP-97]. *Un système* $H: u \rightarrow y$ *est dit être:*

1. *Passif en anticipation d'entrée* $(IFP.)$ *s'il est dissipatif avec un taux d'approvisionnement* $w(u, y) = u^T y - \nu u^T u$ *pour certains* $\nu \in \mathbb{R}$.
2. *Passif en rétroaction de sortie* (OFP) *s'il est dissipatif avec un taux d'approvisionnement* $w(u, y) = u^T y - \rho y^T y$ *pour certains* $\rho \in \mathbb{R}$. □

Pour un système linéaire stable avec une fonction de transfert $G(s)$, l'indice IFP $\nu(G(s))$ peut être calculé en se basant sur le lemme KYP. Si $G(s)$ est IFP, alors il existe $\nu > 0$ tel que le processus avec l'anticipation $-\nu I$ soit réel positif, i.e.,

$$G(j\omega) - \nu I + [G(j\omega) - \nu I]^* > 0, \quad \forall\, \omega. \tag{4.15}$$

Par conséquent, nous avons la définition suivante.

Définition 4.11. Indice de passivité en anticipation d'entrée [BAO-07]. *L'indice de passivité en anticipation d'entrée pour un système linéaire stable $G(s)$ est défini par*

$$\nu(G(s)) \triangleq \frac{1}{2}\min_{\omega \in \mathbb{R}} \underline{\lambda}\big(G(j\omega) + G^*(j\omega)\big) \tag{4.16}$$

où $\underline{\lambda}$ dénote la valeur propre minimale. □

Si ν est négatif, alors l'anticipation minimum exigée pour rendre le processus passif est νI. La définition 4.11 ainsi donne également une approche numérique pour calculer l'indice IFP. Pour les systèmes linéaires, il est possible de définir un indice IFP d'une manière commode en utilisant un indice de passivité dépendant de la fréquence.

Définition 4.12. Indice de passivité en anticipation d'entrée dépendant de la fréquence [BAO-00]. *L'indice de passivité d'anticipation d'entrée* dépendant de la fréquence *pour un système linéaire stable est donné par*

$$\nu_F(G(s), \omega) \triangleq \frac{1}{2}\underline{\lambda}\big(G(j\omega) + G^*(j\omega)\big) \quad \square \tag{4.17}$$

On peut définir aussi : $\nu_-(G(s), \omega) = -\nu_F(G(s), \omega)$ comme étant la pénurie ou le manque de la passivité d'entrée du système $G(s)$ à la fréquence ω.

4.3.2 Stabilité d'une interconnexion de rétroaction passive

Proposition 4.3. Passivité du correcteur PID. *Supposons que* $0 \leq T_d < T_i$ *et* $0 \leq \alpha \leq 1$. *Alors le correcteur PID*

$$h_r(s) = K_p \frac{1+T_i s}{T_i s} \frac{1+T_d s}{1+\alpha T_d s} \tag{4.18}$$

est passif. □

Considérons une boucle de rétroaction avec la fonction de transfert en boucle ouverte $h_0(s) = h_1(s)h_2(s)$ comme représenté sur la figure 4.3. Si h_1 est passif et h_2 est strictement passif, alors les phases des fonctions de transfert satisfont :

$$|\angle h_1(j\omega)| \leq 90^{\circ} \quad \text{et} \quad |\angle h_2(j\omega)| < 90^{\circ} \tag{4.20}$$

Il s'en suit que la phase de la fonction de transfert en B.O est limitée par :

$$|\angle h_0(j\omega)| < 180^{\circ} \tag{4.21}$$

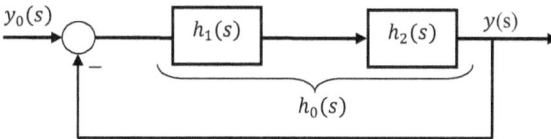

Figure 4.3 Interconnexion d'un système passif et d'un système strictement passif.

Comme h_1 et h_2 sont passifs, il est clair que $h_0(s)$ n'a aucun pôles dans **Re**[s] > 0. Alors, selon la théorie de stabilité standard de Bode-Nyquist, le système en boucle fermée est asymptotiquement stable et BIBO (*Bounded Input-Bounded Output*) stable. Le même résultat est obtenu si h_1 est strictement passif et h_2 est passif [BRO-07]. Ceci implique que : un système linéaire passif en compagnie d'un correcteur PID avec l'action intégrale limitée est BIBO stable.

Pour une classe importante de systèmes, la passivité ou la passivité stricte est une propriété structurale qui ne dépend pas des valeurs numériques des paramètres du système. Alors des considérations de passivité peuvent être employées pour établir la stabilité même s'il y a de grandes incertitudes ou de grandes variations des paramètres de système (stabilité robuste). Quand il s'agit de performance, il est possible d'utiliser n'importe quelle technique de conception linéaire pour obtenir une meilleure performance pour les paramètres nominaux du système. Le système résultant aura une performance élevée sous les conditions nominales et en outre une stabilité robuste sous les grandes variations de paramètres.

4.4 Commande des systèmes Hamiltoniens à ports

4.4.1 Introduction

L'importance de l'énergie dans la modélisation des systèmes physiques a été amplement arborée dans le domaine de la mécanique par les méthodes Lagrangienne et Hamiltonienne. Ces méthodes permettent de décrire la dynamique des systèmes mécaniques avec comme idée principale la conservation de l'énergie [MAR-94].

Même si ces méthodes ont été conçues pour les systèmes mécaniques, leur application a été étendue à d'autres domaines de l'ingénierie [LOZ-00]. Basé sur la combinaison des modèles de type réseau avec la formulation Hamiltonienne, le formalisme de modélisation des "systèmes Hamiltoniens commandés par ports" [VAN-00][MAS-00][ORT-99] permet la représentation de la dynamique d'un système physique sous la forme d'un réseau d'échange d'énergie. Cette méthode considère un ensemble de domaines plus grand que les modèles Lagrangiens et Hamiltoniens. Les éléments qui accumulent de l'énergie sont ''isolés'' afin d'obtenir un système Hamiltonien. L'interaction avec l'environnement du système ainsi obtenu est décrite en définissant des ports d'interconnexion qui sont les endroits auxquels les éléments échangent de l'énergie. La représentation du système complet est finalement obtenue en branchant à chaque port du système Hamiltonien, les éléments qui n'accumulent pas d'énergie (sources ou éléments dissipatifs). Un réseau d'échange d'énergie est ainsi obtenu.

Définition 4.13. Système Hamiltonien commandé par ports (PCH) [VAN-00]. *Un système Hamiltonien commandé par ports sur $\mathbb{R}^n$ est défini par une matrice de structure $\mathbf{J}(x)$ anti-symétrique de dimension $(n \times n)$, une fonction Hamiltonienne $H(x) : \mathbb{R}^n \to \mathbb{R}$,*

une matrice d'entrées $g(x)$ de dimension $(n \times m)$ et les équations dynamiques :

$$\sum \; : \; \begin{cases} \dot{x} = \mathbf{J}(x)\dfrac{\partial H}{\partial x}(x) + g(x)u \\ y = g^T(x)\dfrac{\partial H}{\partial x}(x) \end{cases} \tag{4.22}$$

où $x \in \mathbb{R}^n$ est le vecteur des variables d'énergie et $(u, y) \in \mathbb{R}^m \times \mathbb{R}^m$ sont les variables de puissance associées aux ports d'interconnexion du système avec l'extérieur. □

Dans ce cas, la matrice de structure représente la structure d'interconnexion des éléments d'accumulation d'énergie, les variables de puissance des ports décrivent l'interaction avec l'extérieur et la fonction Hamiltonienne correspond à l'énergie totale du système. Les systèmes considérés sont avec conservation d'énergie (ou continuité de puissance) ce qui permet d'écrire la condition d'antisymétrie de $\mathbf{J}$: $\mathbf{J}(x) = -\mathbf{J}^T(x)$, $\forall\, x \in \mathbb{R}^n$.

La définition 4.13 a été étendue aux systèmes avec dissipation d'énergie dont les éléments dissipatifs peuvent être branchés à un des ports.

Définition 4.14. Système Hamiltonien commandé par ports avec dissipation (PCHD) [VAN-00]. *Un système Hamiltonien commandé par ports avec dissipation sur $\mathbb{R}^n$ est défini par une matrice de structure $\mathbf{J}(x)$ antisymétrique de dimension $(n \times n)$, une matrice symétrique semi-définie positive $\mathbf{R}(x)$, une fonction Hamiltonienne $H(x) : \mathbb{R}^n \rightarrow \mathbb{R}$, une matrice d'entrées $g(x)$ de dimension $(n \times m)$, et les équations dynamiques :*

$$\Sigma \; : \; \begin{cases} \dot{x} = [\mathbf{J}(x) - \mathbf{R}(x)]\frac{\partial H}{\partial x}(x) + g(x)u \\ y = g^T(x)\frac{\partial H}{\partial x}(x) \end{cases} \tag{4.23}$$

avec $\mathbf{J}(x) = -\mathbf{J}^T(x)$ et $\mathbf{R}(x) = \mathbf{R}^T(x) \geq 0$ pour chaque $x \in \mathbb{R}^n$. □

La variation de l'énergie dans le système est donnée par le bilan énergétique suivant :

$$\frac{dH(x)}{dt} = \frac{\partial^T H(x)}{\partial x}\left[[\mathbf{J}(x) - \mathbf{R}(x)]\frac{\partial H}{\partial x}(x) + g(x)u\right] \tag{4.24}$$

En considérant la propriété de conservation d'énergie et l'expression pour la sortie y nous avons :

$$\frac{dH(x)}{dt} = -\frac{\partial^T H(x)}{\partial x}\mathbf{R}(x)\frac{\partial H}{\partial x}(x) + u^T y \tag{4.25}$$

La variation de l'énergie dans le système est donc égale à l'énergie fournie $u^T y$ moins l'énergie dissipée. Intégrant cette équation nous avons :

$$H[x(t_1)] - H[x(t_0)] = \int_{t_0}^{t_1} u^T(t)y(t)dt - \int_{t_0}^{t_1} \frac{\partial^T H}{\partial x}[x(t)]\mathbf{R}(x(t))\frac{\partial H}{\partial x}[x(t)]dt \tag{4.26}$$

L'équation (4.26) exprime le fait que le système ne puisse pas accumuler plus d'énergie que celle qui lui est fournie par l'extérieur, moins l'énergie dissipée.

En plus de considérer la conservation de l'énergie, cette modélisation souligne des propriétés structurelles du système modélisé. Elle permet aussi de mettre en évidence les échanges énergétiques qui se produisent à l'aide de la matrice d'interconnexion et de la matrice de dissipation. Un autre aspect considéré par les modèles PCH est le fait que la structure d'interconnexion interne et l'interconnexion avec l'extérieur sont différenciées.

4.4.2 Systèmes Hamiltoniens à ports et passivité

La relation entre les systèmes Hamiltoniens à ports et les systèmes passifs peut être récapitulée au moyen de la proposition suivante.

Proposition 4.4. Système Hamiltonien avec dissipation et passivité [VAN-00]. *Un système Hamiltonien avec dissipation est passif, et la fonction de stockage est la fonction Hamiltonienne.* □

Preuve. Un système Hamiltonien à ports avec dissipation (4.23) peut être interprété comme un système affine où :

- $f(x) = [\mathbf{J}(x) - \mathbf{R}(x)] \frac{\partial H(x)}{\partial x}$
- $g(x) = g(x)$
- $h(x) = g^T(x) \frac{\partial H(x)}{\partial x}$

La relation suivante est alors vérifiée :

$$L_{[\mathbf{J}(x)-\mathbf{R}(x)]\frac{\partial H(x)}{\partial x}} H(x) = \frac{\partial^T H(x)}{\partial x} [\mathbf{J}(x) - \mathbf{R}(x)] \frac{\partial H(x)}{\partial x} = -\frac{\partial^T H(x)}{\partial x} \mathbf{R}(x) \frac{\partial H(x)}{\partial x} \leq 0$$

(4.27)

où l'antisymétrie de $\mathbf{J}(x)$ a été exploitée et l'inégalité suit du fait que $\mathbf{R}(x)$ est semi-définie positive. En outre :

$$L_g H(x) = \frac{\partial^T H(x)}{\partial x} g(x) = \left[g^T(x) \frac{\partial H(x)}{\partial x} \right]^T \tag{4.28}$$

Si $R(x) = 0$, à savoir s'il n'y a aucune dissipation dans le système, alors

$$L_{[\mathbf{J}(x)-\mathbf{R}(x)]\frac{\partial H(x)}{\partial x}} H(x) = 0 \tag{4.29}$$

Donc, un système Hamiltonien à ports sans dissipation est un système sans perte. De plus, si $\mathbf{R}(x)$ est définie positive, le système Hamiltonien à ports est strictement passif. Ainsi, la caractérisation d'un système sans perte, la passivité et la passivité stricte du système Hamiltonien à ports peuvent être déterminées en vérifiant simplement le signe de la matrice $\mathbf{R}(x)$. En fait, de (4.25) la relation suivante peut être obtenue pour la puissance :

$$P = y^T u = \frac{dH(x)}{dt} + \underbrace{\frac{\partial^T H(x)}{\partial x} \mathbf{R}(x) \frac{\partial H(x)}{\partial x}}_{P_{diss}} \tag{4.30}$$

Le signe de la puissance dissipée dépend de la matrice $\mathbf{R}(x)$. Si $\mathbf{R}(x)$ est définie positive, $P_{diss} > 0$ qui veut dire qu'une certaine puissance est toujours dissipée par le système et que par conséquent le système est strictement passif. Si $\mathbf{R}(x) = 0$ alors $P_{diss} = 0$, ce qui signifie qu'il n'y a aucune dissipation et que par conséquent le système est sans perte. Si $\mathbf{R}(x)$ était définie négative, $P_{diss} < 0$ ce qui signifie que le système n'est pas passif puisqu'il y a une certaine production interne d'énergie.

Remarque 4.1. Les systèmes Hamiltoniens à ports sont caractérisés par une limite inférieure. Il existe une constante positive finie $\zeta \in \mathbb{R}^+$ telle que : $H(x) \geq -\zeta$. Dans ce cas, il est toujours possible de prouver qu'un système Hamiltonien à ports est un système passif en considérant $H^*(x) = H(x) + \zeta$ comme fonction de stockage.

Ainsi, les systèmes Hamiltoniens à ports héritent de toutes les propriétés des systèmes passifs. Il est alors possible de stabiliser asymptotiquement une configuration d'équilibre correspondant à un point minimum (local) de la fonction Hamiltonienne par la loi de commande suivante : $u = -Fy$; ce genre de commande s'appelle *stabilisation par injection d'amortissement*. Le nom suit du fait que l'action de commande peut être physiquement interprétée comme l'addition de certains *amortisseurs* au système. Dans ce cas, le système commandé est représenté par les équations suivantes :

$$\dot{x} = [\mathbf{J}(x) - \mathbf{R}(x)]\frac{\partial H(x)}{\partial x} - g(x)Fg^T(x)\frac{\partial H(x)}{\partial x}$$

$$= [\mathbf{J}(x) - \mathbf{R}(x) - g(x)Fg^T(x)]\frac{\partial H(x)}{\partial x} \qquad (4.31)$$

L'injection d'amortissement ajoute au système de la dissipation supplémentaire de puissance, tel que modélisé modelé par la matrice semi-définie positive $g(x)Fg^T(x)$. L'injection d'amortissement permet d'augmenter le taux par lequel le système évolue vers une configuration minimum d'énergie. Il peut être conclu que n'importe quel minimum strict de la fonction Hamiltonienne correspond à une configuration stable de Lyapunov qui peut être asymptotiquement stabilisée par l'injection d'amortissement, car dans les systèmes mécaniques en général, la fonction Hamiltonienne est considérée comme étant l'énergie totale stockée dans le système, qu'on pourra prendre comme étant une fonction candidate de Lyapunov.

Exemple 4.1. Considérons un simple oscillateur linéaire représenté dans la figure 4.4, composé d'un ressort linéaire de rigidité k et d'une masse m.

Le modèle Hamiltonien à ports de ce système est donné par:

$$\begin{pmatrix} \dot{x} \\ \dot{p} \end{pmatrix} = \begin{pmatrix} 0 & 1 \\ -1 & 0 \end{pmatrix} \begin{pmatrix} \frac{\partial H}{\partial x} \\ \frac{\partial H}{\partial p} \end{pmatrix} + \begin{pmatrix} 0 \\ 1 \end{pmatrix} u$$

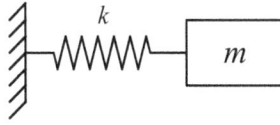

Figure 4.4 Système masse-ressort

$$y = (0 \quad 1)\begin{pmatrix} \frac{\partial H}{\partial x} \\ \frac{\partial H}{\partial p} \end{pmatrix} \tag{4.32}$$

où x et p ($p = m\dot{x}$) sont les variables d'énergie qui dénotent respectivement l'élongation du ressort et la quantité du mouvement. L'entrée u est la force qui agit sur la masse et la sortie y est la vitesse de la masse. La fonction Hamiltonienne est la somme de l'énergie cinétique stockée par la masse et de l'énergie potentielle (élastique) stockée par le ressort :

$$H = \frac{p^2}{2m} + \frac{1}{2}kx^2 \tag{4.33}$$

Il est facile de voir que le point (0,0) est non seulement un point d'équilibre mais aussi un point minimum global de la fonction Hamiltonienne. Il est possible de faire une analyse de stabilité du point d'équilibre. Prenant le Hamiltonien du système en tant que fonction candidate de Lyapunov, les relations suivantes sont satisfaites :

$$H(x,p) > 0 \quad \forall x \neq 0, \forall p \neq 0, \quad H(0,0) = 0$$

$$\frac{dH}{dt} = \begin{pmatrix} \frac{\partial^T H}{\partial x} & \frac{\partial^T H}{\partial p} \end{pmatrix}\begin{pmatrix} 0 & 1 \\ -1 & 0 \end{pmatrix}\begin{pmatrix} \frac{\partial H}{\partial x} \\ \frac{\partial H}{\partial p} \end{pmatrix} + \begin{pmatrix} \frac{\partial^T H}{\partial x} & \frac{\partial^T H}{\partial p} \end{pmatrix}\begin{pmatrix} 0 \\ 1 \end{pmatrix}u = \frac{\partial^T H}{\partial x}u = \dot{x}u$$

$$\tag{4.34}$$

Mais à l'équilibre, on a $u = 0$. Par conséquent, il s'en suit que le point d'équilibre est Lyapunov stable mais pas asymptotiquement stable. Il est possible de stabiliser asymptotiquement le point d'équilibre par l'injection d'amortissements.

Considérons la loi de commande suivante:

$$u = -Fy + u_c = -F(0 \quad 1)\begin{pmatrix} \frac{\partial H}{\partial x} \\ \frac{\partial H}{\partial p} \end{pmatrix} + u_c \qquad (4.35)$$

Le système commandé est toujours un système Hamiltonien à ports et nous avons :

$$\begin{pmatrix} \dot{x} \\ \dot{p} \end{pmatrix} = \left[\begin{pmatrix} 0 & 1 \\ -1 & 0 \end{pmatrix} - F \begin{pmatrix} 0 & 0 \\ 0 & 1 \end{pmatrix} \right] \begin{pmatrix} \frac{\partial H}{\partial x} \\ \frac{\partial H}{\partial p} \end{pmatrix} + \begin{pmatrix} 0 \\ 1 \end{pmatrix} u_c$$

$$y = (0 \quad 1) \begin{pmatrix} \frac{\partial H}{\partial x} \\ \frac{\partial H}{\partial p} \end{pmatrix} \qquad (4.36)$$

L'état $(0,0)$ est toujours un point d'équilibre, avec $u_c = 0$.

Considérons la fonction Hamiltonienne comme une fonction candidate de Lyapunov pour le système commandé, on a :

$$H(x,p) > 0 \quad \forall\, x \neq 0, \forall\, p \neq 0, \quad H(0,0) = 0$$

$$\frac{dH}{dt} = \begin{pmatrix} \frac{\partial^T H}{\partial x} & \frac{\partial^T H}{\partial p} \end{pmatrix} \begin{pmatrix} 0 & 1 \\ -1 & 0 \end{pmatrix} \begin{pmatrix} \frac{\partial H}{\partial x} \\ \frac{\partial H}{\partial p} \end{pmatrix} - \begin{pmatrix} \frac{\partial^T H}{\partial x} & \frac{\partial^T H}{\partial p} \end{pmatrix} F \begin{pmatrix} 0 & 0 \\ 0 & 1 \end{pmatrix} \begin{pmatrix} \frac{\partial H}{\partial x} \\ \frac{\partial H}{\partial p} \end{pmatrix} +$$

$$\begin{pmatrix} \frac{\partial^T H}{\partial x} & \frac{\partial^T H}{\partial p} \end{pmatrix} \begin{pmatrix} 0 \\ 1 \end{pmatrix} u_c$$

À l'équilibre, $u_c = 0$,

$$\frac{dH}{dt} = - \begin{pmatrix} \frac{\partial^T H}{\partial x} & \frac{\partial^T H}{\partial p} \end{pmatrix} F \begin{pmatrix} 0 & 0 \\ 0 & 1 \end{pmatrix} \begin{pmatrix} \frac{\partial H}{\partial x} \\ \frac{\partial H}{\partial p} \end{pmatrix} \leq 0 \qquad (4.37)$$

La fonction de Lyapunov est semi-définie négative. Mais l'ensemble où la dérivée temporelle du Hamiltonien est égale à zéro est : $Z = \{(x,p) | p = 0\}$. Et le plus grand sous-ensemble invariable de Z est $(0,0)$. Par conséquent, par le principe de l'invariance de La Salle [KHA-96], le point d'équilibre est asymptotiquement stable.

La commande par injection d'amortissement a une interprétation physique subtile. En fait, puisque le but principal d'injection d'amortissement est d'introduire une certaine dissipation dans le système, le correcteur peut être interprété comme un amortisseur virtuel qui est ajouté à la masse qui compose l'oscillateur, comme représenté sur la figure. 4.5.

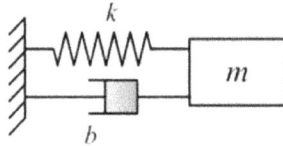

Figure 4.5 Système masse-ressort avec injection d'amortissement.

4.4.3 Commande par interconnexion des systèmes Hamiltoniens à ports

Une approche différente est basée sur l'idée que la fonction d'énergie du système en boucle fermée est le résultat d'un choix approprié de la structure d'interconnexion et d'amortissement du système commandé. De cette façon, la fonction d'énergie est une conséquence de la structure interne désirée pour le système en boucle fermée. Cette approche a été présentée dans [ORT-99][VAN-00].

Il a été montré précédemment que le minimum strict de la fonction d'énergie (la fonction Hamiltonienne) correspond aux configurations d'équilibre stable dans le sens de Lyapunov, qui peuvent être asymptotiquement stabilisées par l'intermédiaire de l'injection d'amortissement. Par contre, il est très souvent exigé de stabiliser un système Hamiltonien à ports dans une configuration qui ne correspond pas à un minimum strict de la fonction d'énergie. Donc il est nécessaire d'introduire un correcteur dont la tâche est de changer la forme de la fonction d'énergie du système commandé afin d'avoir un minimum strict dans la configuration d'intérêt. Il est alors possible de stabiliser asymptotiquement la nouvelle configuration d'énergie minimum au moyen de l'injection d'amortissement. Cette stratégie de commande se compose de deux étapes :

i. Mise en forme de l'énergie *(energy shaping)* : modeler l'énergie du système au moyen d'une loi de commande appropriée afin d'assigner un minimum strict dans la configuration désirée.

ii. Injection d'amortissement *(damping injection)* : Ajouter de la dissipation au système via l'injection d'amortissement dans le but de stabiliser asymptotiquement la configuration désirée.

4.5 Conclusion

Dans ce chapitre, nous avons effectué les rappels nécessaires à la compréhension des chapitres 5 et 6. On a présenté les définitions de base et les résultats classiques sur la passivité et les systèmes Hamiltoniens qui sont des systèmes passifs. Basée sur ces résultats et ceux de l'exemple 4.1, l'application de la théorie des systèmes Hamiltoniens à un système de bobinage va nous permettre d'assurer la stabilisation de la réponse globale du système par l'injection d'amortisseurs virtuels dans la structure dans le but d'augmenter l'amortissement naturel des modes de vibration afin d'éviter l'apparition prolongée de vibrations de grande amplitude.

Chapitre 5—Commande décentralisée basée sur la passivité

En se basant sur le théorème de passivité, un processus passif peut être stabilisé par un correcteur passif décentralisé. Cependant, comme l'action de chaque correcteur décentralisé est basée sur la rétroaction seulement dans sa propre boucle ou bloc, la structure décentralisée mène inévitablement à la détérioration de performances due aux interactions entre les boucles et les blocs. Si les interactions ne sont pas considérées dans la conception des correcteurs, on peut risquer l'instabilité du système en boucle fermée. Dans ce chapitre, une approche d'analyse d'interaction fondée sur la passivité est introduite. Ceci inclut l'analyse d'interaction statique et dynamique pour la commande multiboucle.

5.1 Introduction

Quelles que soient les procédures de conception de la commande multiboucle, les interactions des boucles doivent être prises en considération, car elles peuvent avoir des effets néfastes sur la performance de la commande et sur la stabilité en boucle fermée. Les méthodes de conception indépendantes [HOY-93] sont souvent préférées, car elles sont assimilées à des procédures de synthèse de commande systématiques et peuvent souvent accomplir une tolérance à la défaillance. Pour ces méthodes, chaque boucle de commande est conçue sur la base d'une fonction de transfert appariée tout en satisfaisant certaines contraintes de stabilité dues aux interactions du processus.

Le problème de la commande décentralisée linéaire peut être décrit comme suit : supposons que le système global est représenté par $m \times m$ fonctions de transfert $G(s)$ reliant le vecteur d'entrée $u = [u_1, u_2, ..., u_m]^T$ au vecteur de sortie $y = [y_1, y_2, ..., y_m]^T$:

$$G(s) = \begin{bmatrix} g_{11}(s) & g_{12}(s) & \cdots & g_{1m}(s) \\ \vdots & g_{22}(s) & \cdots & g_{2m}(s) \\ g_{m-1,1}(s) & \vdots & \ddots & \vdots \\ g_{m1}(s) & \cdots & g_{m,m-1}(s) & g_{mm}(s) \end{bmatrix} \qquad (5.1)$$

Le système diagonal (ou bloc diagonal) est représenté par :

$$G_d(s) = \mathrm{diag}\{g_{11}(s), g_{22}(s), ..., g_{ii}(s), ..., g_{mm}(s)\} \qquad (5.2)$$

Le correcteur décentralisé est diagonal (ou bloc diagonal) :

$$C(s) = \mathrm{diag}\{c_1(s), ..., c_i(s), ..., c_m(s)\} \qquad (5.3)$$

tel que la conception du correcteur $c_i(s)$ est basée sur le modèle $g_{ii}(s)$, lequel commande la sortie y_i en manipulant l'entrée $u_i (i = 1 ... m)$.

La commande décentralisée pour les systèmes multivariables est dominante dans les applications de commande des processus industriels en raison de sa simplicité [SKO-89]. Par rapport à la commande multivariable du système global, ou même des sections du système (sous-système), la commande fortement décentralisée a les avantages suivants:

1. *Modèle.* Pour une commande multivariable globale, des modèles très détaillés et exacts du système sont exigés. Ces modèles sont habituellement très complexes, difficiles à obtenir et donc très coûteux à obtenir. Par contre, l'entretien et l'implémentation du système de commande sont moindres dans le cas du système de la commande décentralisée.

2. *Incertitudes et défaillance.* Au niveau des mesures et des actionneurs, les correcteurs multivariables sont beaucoup plus enclins aux défauts dus aux incertitudes ou aux défaillances que les correcteurs décentralisés. En raison de cette robustesse inhérente, ces derniers peuvent également mieux se porter aux changements des conditions d'opération du système.

3. *Démarrage et arrêt.* L'ensemble de commandes régulatrices décentralisées permet un démarrage (arrêt) d'une boucle à la fois pour l'ensemble du système. Cette phase de démarrage (arrêt) serait beaucoup plus compliquée pour une commande multivariable globale.

4. *Facilité de réajustement.* Dans une structure de commande décentralisée, les blocs de commande individuels peuvent être habituellement réajustés plus ou moins indépendamment et par exemple, en réponse aux changements des conditions de fonctionnement.

5. *Compréhension.* Il est plus facile à comprendre et manipuler la couche de commande régulatrice décentralisée par les opérateurs. Il y a peu de liaisons exigées et peu de paramètres de correcteur qui doivent être choisis en comparaison avec le système de commande multivariable global.

Si les blocs de correcteur sont conçus correctement, il est généralement plus facile d'atteindre une meilleure tolérance de défaillance avec une structure de commande décentralisée. Cependant, comme l'action de chaque correcteur décentralisé est basée sur la rétroaction seulement dans sa propre boucle ou bloc, la structure décentralisée mène inévitablement à la détérioration de performances due aux interactions entre les boucles et les blocs. Si les interactions ne sont pas considérées dans la conception des correcteurs, on peut risquer l'instabilité du système en boucle fermée. Plusieurs études ont eu pour sujet de réduire les interactions des boucles [McA-83][JEN-86][LAM-07]. Cependant, la théorie de passivité développée au chapitre 4 permet de fournir un chemin différent vers l'analyse de l'interaction. Le taux d'approvisionnement pour les systèmes passifs est défini comme suit, $w(t) = y^T(t)u(t)$ (où $y, u \in \mathbb{R}^m$). Par conséquent, la condition réelle positive (comme donnée dans (4.14)) est :

$$\int_{t_0}^{t_1} y^T(t)u(t)dt = \int_{t_0}^{t_1} \sum_{i=1}^{m} y_i(t)u_i(t)dt \geq 0 \qquad (5.4)$$

Elle définit en fait la relation entre la sortie $y_i(t)$ et l'entrée $u_i(t)$ (au lieu des termes croisés de $y_i(t)u_j(t), i \neq j$) du processus), ceci n'est plus valide quand le taux d'approvisionnement est $w(t) = y^T(t)Su(t)$; ce qui n'est pas étonnant puisqu'il y a un raccordement et un lien entre la passivité et la commande décentralisée; si le processus est strictement passif, il peut être stabilisé par un correcteur passif décentralisé. Un tel correcteur peut être multiboucle ou diagonal par bloc [BAO-07].

Si l'amplitude des éléments diagonaux de $G(s)$ dans (5.1) est sensiblement plus grande que celle des éléments hors-diagonale et par exemple :

$$|G_{ii}(j\omega)| > \sum_{j=1, j \neq i}^{m} |G_{ij}(j\omega)|, \ \forall \, i, \forall \omega \qquad (5.5)$$

alors le processus serait diagonalement dominant. Évidemment, les processus diagonaux dominants peuvent souvent être efficacement commandés par les correcteurs décentralisés parce qu'ils ont de petites interactions de boucle. Tandis que la condition de passivité garantit la stabilité décentralisée du système de commande décentralisée, cela n'implique pas la dominance diagonale, par exemple :

$$G(s) = \begin{bmatrix} \frac{1}{s+1} & a \\ a & \frac{2}{s+2} \end{bmatrix} \qquad (5.6)$$

Pour une grande valeur de a, le système n'est pas diagonalement dominant. Cependant, il est facile de vérifier que $G(s)$ est strictement passif en entrée pour n'importe quelle valeur de a, et qu'il pourrait être stabilisé par n'importe quel correcteur décentralisé passif. Il a été précisé par Campo et Morari [CAM-94] en utilisant un contre-exemple que la dominance diagonale n'est pas nécessaire pour la stabilisabilité décentralisée. Ceci indique qu'une étude basée sur la passivité pourrait fournir une nouvelle piste pour l'analyse des effets de déstabilisation des interactions. C'est l'amplitude d'interactions, et également la façon dont les sous-systèmes réagissent réciproquement qui peuvent causer des problèmes de stabilité dans la commande de rétroaction décentralisée. La passivité est liée à la condition de phase du système de processus global avec la présence d'interactions entre les sous-systèmes et les boucles. Par conséquent, il est possible de développer une analyse d'interaction basée sur la passivité qui indique l'effet de déstabilisation des interactions.

Il y a deux considérations principales dans la commande décentralisée [MOR-89]

- La première est *le choix des paires de réglages*, c'est-à-dire, décider quelles séries de mesures y_i (les sorties du système) devrait être contrôlées par quelles séries de variables manipulées u_i (les entrées du système). Les différentes paires de réglages pour le même système peuvent mener à des résultats tout à fait différents de stabilité et de performance de la commande décentralisée. Ainsi, on devrait choisir un ensemble de paires de réglages physiquement faisable et qui permet d'avoir une bonne performance de la commande. Il est important de noter que le but de la procédure entière est de trouver des paires de réglages qui permettent de réaliser des performances acceptables, pas nécessairement la meilleure performance. Avant de choisir la configuration de commande pour le système restant, les boucles sont stabilisées en utilisant des correcteurs passifs. Un concept important est la contrôlabilité intégrale décentralisée (CID). Il caractérise la performance en boucle fermée qu'un processus peut réaliser sous la commande décentralisée et peut donc être employé en déterminant des paires de réglages réalisables. Pour des processus fortement couplés ou des processus multibloc, la structure de commande décentralisée par bloc qui se compose des sous correcteurs multivariables multiples devrait être considérée.

▪ La seconde considération dans la commande décentralisée est de concevoir des boucles de commande individuelles (ou des blocs). Ceci implique l'analyse d'interaction dynamique et la conception décentralisée de la commande afin de garantir la stabilité du système en boucle fermée sous certaines caractéristiques de performance.

Dans les sections suivantes, des conditions suffisantes pour la CID sont développées sur la base de la passivité. Nous montrerons comment le concept de passivité est employé dans l'analyse d'interaction dynamique, ainsi la conception de la commande décentralisée.

5.2 Contrôlabilité Intégrale Décentralisée (CID)

Une condition fondamentale de conception du système de commande est qu'une rétroaction négative est nécessaire pour garantir la stabilité sous la commande intégrale. Si le signe du gain du modèle du système entre une entrée et une sortie spécifique du modèle change quand les boucles sont fermées, la commande intégrale n'est pas possible. Par conséquent, le signe du gain du modèle de système doit être connu à l'avance [MAE-06].

Définition 5.1. Contrôlabilité Intégrale Décentralisée (CID) [SKO-05]. *Un processus multivariable avec une fonction de transfert* $G(s) \in \mathbb{C}^{m \times m}$

(correspondant au pairage donné) est CID si il est possible de concevoir un correcteur diagonal qui (i) a l'action intégrale, (ii) produit des boucles individuelles stables, (iii) est tel que le système reste stable quand toutes les boucles sont simultanément fermées et (iv) a la propriété que chaque gain de boucle pourrait être déréglé d'une manière indépendante par un facteur ε_i (0 $\leq \varepsilon_i \leq 1$, $i = 1 \dots m$) sans introduire d'instabilité. □

Si un système est CID, alors il est possible de réaliser une commande stable et une commande sans écart du système global en boucle fermée en ajustant chaque boucle séparément. Un certain nombre de conditions nécessaires et suffisantes de CID ont été rapportées dans la littérature [NWO-91][SKO-92]. Cependant, ces conditions peuvent être complexes en calcul et difficiles à employer pour les systèmes qui ont des dimensions supérieures à 3 × 3. Les méthodes les plus employées d'analyse de CID sont basées sur les mesures d'interaction (*par exemple,* [GRO-86][MOR-89][SKO-92]) qui impliquent qu'un système est CID s'il est diagonalement généralisé dominant.

Théorème 5.1. Condition suffisante pour CID basée sur le petit gain [MOR-89]. *Un processus $G(s)$ LTI stable est CID s'il est diagonalement généralisé dominant en régime statique, c'est-à-dire si*

$$\bar{\mu}\big(E_d(0)\big) < 1 \qquad\qquad (5.7)$$

où $E_d(s) = [G(s) - G_d(s)]G_d^{-1}(s)$ et $G_d(s)$ est constitué des fonctions de transfert diagonales de $G(s)$ et $\bar{\mu}\big(E_d(0)\big)$ est la limite supérieure de la valeur singulière structurée diagonale de $E_d(0)$. □

Les conditions nécessaires pour la CID sont utiles, car elles permettent d'écarter les paires de réglages inappropriées.

Définition 5.2. Matrice des gains relatifs (RGA) [BRI-66]. Pour une matrice de rang plein $G \in C^{m \times n}$, la matrice des gains relatifs est définie comme suit:

$$RGA(G) = G \odot (G^{-1})^T \qquad (5.8)$$

où $\odot$ indique la multiplication élément par élément (appelé souvent produit de Hadamard ou Schur).

La matrice des gains relatifs (RGA) est un outil puissant pour le choix des paires de réglages. Une condition nécessaire facile à utiliser basée sur le (RGA) a été dérivée.

Théorème 5.2. Condition nécessaire pour CID [MOR-89]. *Un processus $G(s)$ ($m \times m$) LTI stable est CID ssi*

$$\lambda_{ii}\left(G(0)\right) \geq 0, \forall\, i = 1, \dots, m \qquad (5.9)$$

où $\lambda_{ii}\left(G(0)\right)$ est l'$i^{ème}$élément diagonal de la matrice RGA de $G(0)$. □

5.3 Condition de CID basée sur la passivité

Basé principalement sur [BAO-02], nous montrerons comment le concept de la passivité est lié à la condition CID et peut être employé pour déterminer la propriété CID d'un processus donné.

Selon la figure 5.1, le correcteur décentralisé $C(s)$ est décomposé en $C(s) = N(s)K_g/s$,

où $N(s) \in \mathbb{C}^{m \times m}$ est diagonale, stable et ne contient pas une action intégrale, et $K_g = \text{diag}\{k_i\}$, $i = 1, \dots, m$. Le problème de CID revient à vérifier si le système en boucle fermée de K_g/s et $P(s) = G(s)N(s)$ est stable et reste stable quand K_g est réduit à

$$K_{g\varepsilon} = \text{diag}\{k_i \varepsilon_i\}, \ 0 \leq \varepsilon_i \leq 1, \ i = 1, \dots, m \qquad (5.10)$$

Puisque le théorème de passivité peut traiter des systèmes qui ont un gain illimité (par exemple des correcteurs avec une action intégrale), il est utilisé

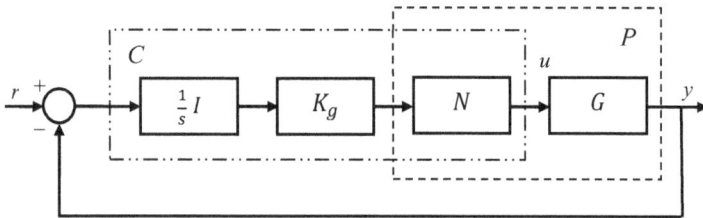

Figure 5.1 Représentation d'un système pour définir la contrôlabilité
intégrale décentralisée.

directement pour analyser la stabilité décentralisée en examinant simplement
les systèmes en boucle ouverte de $C(s)$ et $G(s)$.

Le système suivant de $m \times m$:

$$K(s) = \frac{1}{s}K_g = \frac{1}{s}\mathrm{diag}\{k_i\}, \quad k_i \geq 0, \quad i = 1, \dots, m \tag{5.11}$$

a m pôles non répétés à $s = 0$. Selon la définition 4.9, $K(s)$ est réel positif et
reste réel positif quand la matrice de gain K_g est réduite à $K_{g\varepsilon}$ comme dans
(5.10). Par conséquent, le système en boucle fermée dans la figure 5.1 sera
stable si $P(s)$ est strictement réel positif. Si $G(s)$ est strictement réel positif
avec $N(s) = I$ (cas particulier), sans se soucier des interactions entre les
différents canaux du système de processus, $G(s)$ peut être stabilisé par
n'importe quel correcteur réel positif, y compris $K(s)$ défini dans (5.11), et
ceci mène à la conclusion que $G(s)$ est CID.

Par contre, beaucoup de processus ne sont pas strictement réels positifs, et
ils ne peuvent donc pas être directement analysés en utilisant le théorème de
passivité. Le conservatisme de la condition basée sur la passivité ci-dessus
peut être réduit-en :

1. mettant à l'échelle la fonction de transfert du processus;

2. combinant la condition réelle-positive avec la condition du petit gain.

Si le processus est stable, seulement la condition réelle-positive dans le régime permanent doit être considérée pour la CID, selon le théorème suivant.

Théorème 5.3. Condition suffisante pour la CID basée sur la passivité [BAO-02]. *Un processus multivariable linéaire stable avec une fonction de transfert* $G(s) \in \mathbb{C}^{m \times m}$ *est CID si on peut trouver une matrice diagonale réelle* $D = \text{diag}\{d_i\}$ $(d_i \neq 0, i = 1, \ldots, m)$ *tel que*

$$G(0)D + DG^T(0) \geq 0 \tag{5.12}$$

où $G(0)$ *est la matrice de gain en régime statique.* □

Le théorème 5.3 n'est seulement qu'une condition suffisante parce qu'il est basé sur la condition réelle-positive (théorème de passivité) qui elle-même est une condition suffisante de stabilité pour les systèmes connectés.

L'inégalité (5.12) est en fait la condition réelle-positive sur la matrice de gain statique $G(0)$ avec une matrice de mise à l'échelle D. La matrice $D = \text{diag}\{d_i\}$ $(i = 1, \ldots, m)$ remet à l'échelle $G(0)$ et ajuste le signe de chaque colonne de $G(0)$ tel que les éléments diagonaux de $G(0)D$ soient positifs. La matrice D sera alors absorbée par le correcteur décentralisé parce que D est diagonale et constante. Donc, la boucle de commande (i) doit agir inversement si $\text{sign}(d_i) > 0$ et agir directement si $\text{sign}(d_i) < 0$.

Ici nous présentons deux méthodes de calcul pour vérifier la condition du théorème 5.3:

5.3.1 Calcul par programmation semi-définie

Un problème de faisabilité avec l'inégalité matricielle linéaire *(LMI)* peut être établi avec une variable de décision D réelle et diagonale. La matrice D

qui satisfait (5.12), si elle existe, peut être trouvée en utilisant la technique de la programmation semi-définie (SDP).

La variable de décision peut être récrite sous la forme suivante [BOY-94] :

$$D = U_0 + \sum_{j=1}^{q} x_j U_j \tag{5.13}$$

La variable de décision D peut être écrite comme une fonction affine d'un certain nombre de variables scalaires x_j ($j = 1, ..., q$), tandis que sa structure diagonale est représentée par un ensemble de matrices U_j($j = 1, ..., q$). Le problème LMI formulé ci-dessus, avec la contrainte structurale sur la variable de décision D, est convexe et peut être résolu en utilisant MATLAB® *LMI Toolbox*. Cette approche est numériquement efficace et fiable pour la condition définie positive.

$$G(0)D + DG^T(0) > 0 \tag{5.14}$$

mais peut rencontrer des problèmes numériques quand la valeur propre minimum de $[G(0)D + DG^T(0)]$ est zéro.

5.3.2 *Calcul par l'approche de la valeur singulière structurée (VSS)*

Pour éviter le problème numérique rencontré dans l'approche SDP, nous pouvons convertir la condition réelle positive dans (5.12) en condition de gain en utilisant la *transformation de Cayley* citée dans [BAO-07] et donc en vérifiant la valeur singulière structurée (VSS) de la transformée de la matrice de gain en régime statique. La valeur singulière structurée, notée généralement μ, est en fait un outil d'analyse qui permet de mesurer la marge de stabilité d'un système multivariable (μ-analyse).

Théorème 5.4. Positif réel strictement étendu (PRSE) [BAO-07]. *Considérons un système linéaire avec une fonction de transfert $T(s)$.*

Définissons :

$$T'(s) = [\zeta I - T(s)] [\zeta I + T(s)]^{-1} \tag{5.15}$$

où ζ et un nombre réel positif. Le système $T(s)$ est positif réel strictement étendu si et seulement si $T'(s)$ est stable et $\|T'\|_\infty < 1$. ▱

Définissons une matrice diagonale de signe $V = \text{sign}\big(G_d(0)\big)$. Le $i^{ème}$ élément de V est $+1$ (ou -1) si le $i^{ème}$ élément de $G_d(0)$ est positif (ou négatif). Donc $G^+(0) = G(0)V$ est la matrice de gain modifiée telle que tous les éléments diagonaux de $G^+(0)$ sont positifs. Puisque la matrice de signe a été absorbée dans la matrice de gain statique, la variable de décision devrait maintenant être $D^+ = DV > 0$. Selon le théorème 5.3, $G(s)$ est CID si $G^+(0)$ est non singulière, et une matrice diagonale définie-positive D peut être trouvée tel que:

$$G^+(0)D^+ + D^+[G^+(0)]^T \geq 0 \tag{5.16}$$

Proposition 5.1. Valeur singulière maximum [BAO-07]. Soient $H = [I - G^+(0)][I + G^+(0)]^{-1}$ *et* $F_d = (D^+)^{-\frac{1}{2}}$ *, l'inégalité (5.16) est satisfaite ($G(s)$ est CID) si seulement si*

$$\bar\sigma\{F_d H F_d^{-1}\} \leq 1 \tag{5.17}$$

où $\bar\sigma\{\cdot\}$ dénote la valeur singulière maximum. □

La valeur singulière maximum $\bar\sigma\{F_d H F_d^{-1}\}$ est en fait la limite supérieure de la valeur singulière structurée de H ($\bar\mu(H)$) mise à l'échelle diagonalement. La définition 5.1 donne une méthode de calcul pour vérifier la condition CID grâce à MATLAB® *Robust Control Toolbox*, ceci est réalisé en employant la fonction PSV.

5.4 Condition de stabilité décentralisée inconditionnelle

Il s'agit de l'étude de la sélection et du choix de structures de commande décentralisées dont l'objectif est d'atteindre les performances désirées en boucle fermée en utilisant la conception de correcteurs indépendants. Puisque l'indépendance fait partie de l'objectif, il est raisonnable de supposer qu'une configuration qui réduit au minimum les interactions entre les sous-ensembles est préférée. Il est également très souhaitable que le système de commande multiboucle possède la propriété de stabilité décentralisée inconditionnelle stable [ZHA-02], que le dérèglement ou la désactivation de n'importe quel sous-ensemble des boucles de commande ne mettent pas en danger la stabilité en boucle fermée. Ceci garantira une commande tolérante aux défaillances et facilitera l'ajustement.

5.4.1 Passivité basée sur la condition de stabilité décentralisée inconditionnelle

Si un processus linéaire est strictement passif, c'est-à-dire stable et strictement passif en entrée, n'importe quel correcteur décentralisé passif peut accomplir la passivité basée sur la condition de stabilité décentralisée inconditionnelle (SDI). Si le processus n'est pas strictement passif, le correcteur doit vérifier les conditions additionnelles suivantes.

Théorème 5.5. Condition SDI basée sur la passivité [ZHA-02]. *Pour un système connecté d'un processus stable* $G(s) \in \mathbb{C}^{m \times m}$ *et d'un correcteur décentralisé* $K(s) = diag\{k_i(s)\}$, $(i = 1, ..., m)$ *selon la figure 5.2, si une fonction de transfert passive* $w(s)$ *peut être trouvée tel que*

$$v_-(w(s), \omega) < -v_-(G^+(s), \omega) \tag{5.18}$$

Alors le système en boucle fermée sera inconditionnellement décentralisé

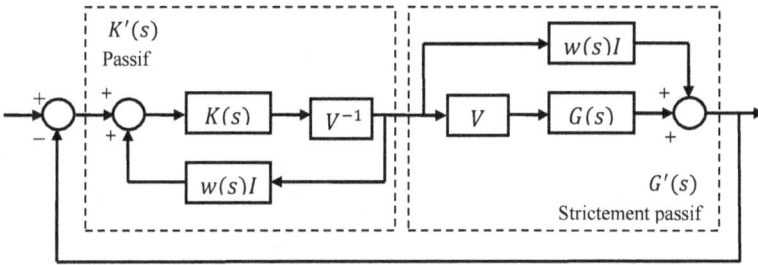

Figure 5.2 Factorisation pour l'analyse de la stabilité décentralisée

stable si $\forall$ *i* $(i = 1, ..., m)$:

$$k'_i(s) = k_i^+(s)[1 - w(s)k_i^+(s)]^{-1} \ est \ passive, \qquad (5.19)$$

où

$$V = diag\{V_{ii}\}, \quad i = 1, ... m \qquad (5.20)$$

est une matrice diagonale d'une valeur soit 1 ou -1. Les signes des éléments de V sont déterminés tels que les éléments diagonaux de

$$G^+(s) = G(s)V \qquad (5.21)$$

soient positifs en régime permanent. Le système SISO $k'_i(s)$ *est l'*$i^{ème}$ *élément du système diagonal.*

$$K^+(s) = V^{-1}K(s) = VK(s) \quad \square \qquad (5.22)$$

5.4.2 Mise à l'échelle diagonale

Dans les sections précédentes, nous avons étudié plusieurs mesures d'interaction statique. Elles sont relativement simples à utiliser mais n'indiquent pas l'impact des interactions sur la performance de la commande dynamique sous la commande décentralisée. Puisque le correcteur $K(s)$ est décentralisé, la condition SDI du théorème 5.5 peut être rendue moins conservatrice par la mise à l'échelle diagonale de l'indice de passivité du processus.

Le degré de passivité permet de déduire comment les interactions entre les différentes boucles dans un processus multivariable peuvent affecter la stabilité du système de commande décentralisée. Par conséquent, les conditions basées sur la passivité sont utiles dans la commande décentralisée parce qu'elles peuvent être employées pour déterminer la stabilité de systèmes connectés et les blocs de commande décentralisée selon leurs indices de passivité et la façon qu'ils se relient entre eux [BAO-07].

Supposons que D est une matrice diagonale non singulière. Le système en boucle fermée est stable si et seulement si le système de la figure 5.3 est stable (où $G^+(s)$ et $K^+(s)$ sont définis dans (5.21) et (5.22)).

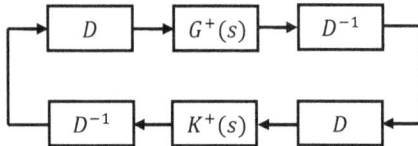

Figure 5.3 Normalisation diagonale de l'indice de passivité.

Noter que pour n'importe quel système diagonal $K^+(s)$, on a $K^+(s) = D^{-1}K^+(s)D$.

L'indice de passivité de $D^{-1}G^+(s)D$ peut être significativement réduit en choisissant une matrice D appropriée:

$$v(D^{-1}G^+(s)D, \omega) < v(G^+(s), \omega) \tag{5.23}$$

La matrice D peut être choisie afin que la mise à l'échelle de $G^+(s)$ à l'état d'équilibre soit réelle-positive, c'est-à-dire, l'inégalité suivante est satisfaite :

$$D^{-1}G^+(0)D + D[G^+(0)]^T D^{-1} > 0 \qquad (5.24)$$

Puisque D est non singulière, nous avons

$$D\{D^{-1}G^+(0)D + D[G^+(0)]^T D^{-1}\}D > 0 \qquad (5.25)$$

$$G^+(0)DD + DD[G^+(0)]^T > 0 \qquad (5.26)$$

Définissons $M = DD$ où M est une matrice diagonale constante, réelle et définie-positive. L'inégalité (5.24) est équivalente à l'inégalité suivante:

$$G^+(0)M + M[G^+(0)]^T > 0 \qquad (5.27)$$

L'inégalité (5.27) est un problème d'inégalité matricielle linéaire typique (LMI), qui peut être résolu en utilisant tous les outils de la programmation comme MATLAB *LMI Toolbox*. La continuité de la fonction de transfert $G^+(s)$ implique que l'inégalité (5.27) tient non seulement au régime statique, mais également pour une certaine gamme de fréquences $[0, \omega_1]$:

$$G^+(j\omega)M + M[G^+(j\omega)]^T > 0, \qquad \forall\, \omega \in [0, \omega_1] \qquad (5.28)$$

Le problème de mise à l'échelle de l'indice de passivité à une fréquence ω peut être décrit comme suit.

Problème 5.1

$$\min_{D(\omega)}\{\alpha\} \qquad (5.29)$$

Sujet à

$$D^{-1}(\omega)G^+(j\omega)D(\omega) + D(\omega)[G^+(j\omega)]^* D^{-1}(\omega) + \alpha I > 0, \qquad (5.30)$$

111

Le problème 5.1 ne peut pas être résolu directement par un solveur SDP parce que (5.30) est non-linéaire et complexe. Ce problème peut être transformé en un vrai problème LMI comme montré ci-dessous.

Puisque $D(\omega)$ est non singulière, (5.30) est équivalent à l'inégalité suivante :

$$D(\omega)[D^{-1}(\omega)G^+(j\omega)D(\omega) + D(\omega)[G^+(j\omega)]^*D^{-1}(\omega)]D(\omega) +$$
$$\alpha D(\omega)D(\omega) > 0 \tag{5.31}$$

Définissons

$$H(\omega) = D(\omega)D(\omega) > 0 \tag{5.32}$$

Alors

$$G^+(j\omega)H(\omega) + H(\omega)[G^+(j\omega)]^* + \alpha H(\omega) > 0 \tag{5.33}$$

Supposant que $G^+(j\omega) = X(\omega) + jY(\omega)$, où $X(\omega)$ et $Y(\omega)$ sont des matrices réelles. Ceci mène à

$$-[X(\omega)H(\omega) + H(\omega)X^T(\omega)] - j[Y(\omega)H(\omega) - H(\omega)Y^T(\omega)] - \alpha H(\omega) < 0 \tag{5.34}$$

L'inégalité (5.34) est vraie si seulement si

$$\begin{bmatrix} -X(\omega)H(\omega) - H(\omega)X^T(\omega) & Y(\omega)H(\omega) - H(\omega)Y^T(\omega) \\ -Y(\omega)H(\omega) + H(\omega)Y^T(\omega) & -X(\omega)H(\omega) - H(\omega)^T X(\omega) \end{bmatrix} -$$
$$\alpha \begin{bmatrix} H(\omega) & 0 \\ 0 & H(\omega) \end{bmatrix} < 0 \tag{5.35}$$

Problème 5.2

$$\min_{D(\omega)}\{\alpha\} \tag{5.36}$$

Sujet à (5.35) et (5.32)

Pour chaque fréquence ω, une matrice réelle de $H(\omega)$ peut être obtenue en résolvant le problème d'optimisation ci-dessus par un solveur SDP. L'indice de passivité mis à l'échelle diagonalement peut être défini comme

$$\nu_D(G^+(s),\omega) \triangleq -\frac{1}{2}\underline{\lambda}\{D^{-1}(\omega)G^+(j\omega)D(\omega) + D(\omega)[G^+(j\omega)]^*D^{-1}(\omega)\}$$

(5.37)

Par conséquent, (5.18) dans le théorème 5.5 peut être remplacée par la condition suivante

$$\nu_-(w(s),\omega) < -\nu_D(G^+(s),\omega)$$

(5.38)

5.4.3 Pairage pour la commande décentralisée

Comme l'indice de passivité est une propriété du processus indépendant des correcteurs, une performance atteignable (paire de réglage) peut être estimée dans une première étape de conception de la commande avant la synthèse du correcteur. L'indice de passivité peut être utilisé pour choisir les paires de réglages, ou les différentes paires de réglages, aboutissant à différentes fonctions de transfert $G(s)$. Puisque l'indice de passivité mis à l'échelle diagonalement implique une contrainte sur la performance d'un correcteur SDI passif, une paire de réglage devrait être choisie telle que $G(s)$ ait un petit $\nu_D(G^+(s),\omega)$ pour toutes les fréquences concernées. La procédure d'assignation des paires d'entrée-sortie pour la commande SDI peut être décrite comme suit :

Procédure d'assignation des paires d'entrée-sortie

1. Déterminer la fonction de transfert $G(s)$ pour chaque paire de réglage possible.
2. Trouver le signe de la matrice V et obtenir $G^+(s)$ tel que $G_{ii}^+(0) > 0$ $(i = 1, ..., m)$.

---

3. *Mettre à l'écart les paires qui sont non-CID en utilisant la condition nécessaire de CID donnée dans le théorème 5.2.*
4. *Calculer l'indice de passivité mis à l'échelle diagonalement $v_D(G^+(s), \omega)$ à un certain nombre de points de fréquence.*
5. *Comparer les profils d'indice de passivité de différentes paires de réglages. Le meilleur devrait correspondre à celui qui a la plus grande largeur de bande de fréquence ω_b telle que $v_D(G^+(s), \omega) \leq 0$ pour n'importe quel $\omega \in [0, \omega_b]$. Cette paire de réglage permettrait d'utiliser des correcteurs avec l'action intégrale.*

5.4.4 Remarques

— **Performance réalisable.** Si $v_D(G^+(s), \omega) > 0$, la condition de stabilité décentralisée inconditionnelle donnée par (5.18) implique que [BAO-07]:

1. $k^+(s)$ est passive.

2. la réponse en fréquence de chaque boucle de correcteur k_i à une fréquence ω est confinée dans un disque centré à $(1/[2v_D(G^+(s), \omega)], 0)$ avec un rayon de $1/[2v_D(G^+(s), \omega)]$ (comme montré sur la figure 5.4), c.-à-d.,

$$\left| k_i^+(j\omega) - \frac{1}{2v_D(G^+(s),\omega)} \right| \leq \left| \frac{1}{2v_D(G^+(s),\omega)} \right|, \quad \forall \, i, \omega. \tag{5.40}$$

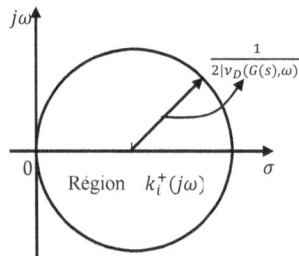

Figure 5.4 Réponse fréquentielle d'un correcteur SDI.

Comme montré à la figure 5.4, le disque est tangentiel à l'axe imaginaire et sa taille change avec la fréquence. La condition mentionnée ci-dessus est en fait l'extension de la condition CID donnée dans le Théorème 5.3. Si le processus $G(s)$ est stable avec $v_D(G^+(s), 0) \leq 0$, alors le processus est CID. Dans ce cas-ci, il existe une bande de fréquences $[0, \omega_b]$, dans laquelle $v_D(G^+(s), \omega) \leq 0, \forall \omega \in [0, \omega_b]$. Supposant aucune contrainte sur le gain du correcteur, les grands rapports d'amplitudes du correcteur sont possibles dans cette bande de fréquences. Plus la limite supérieure ω_b est grande, plus grande est la largeur de bande que le correcteur décentralisé passif peut avoir, et plus rapide est la réponse qui peut être atteinte.

— **Interactions.** L'indice de passivité ne quantifie pas directement l'interaction, mais il indique la marge de stabilité relative pour les systèmes MIMO sous la commande décentralisée si des correcteurs passifs sont utilisés. Pour un processus avec sa matrice de fonctions de transfert donnée par (5.1), la stabilité relative est affectée par la marge de phase, les gains des sous-systèmes diagonaux $\{g_{11}(s), g_{22}(s), \ldots, g_{ii}(s), \ldots, g_{mm}(s)\}$ et les interactions résultant des sous-systèmes hors-diagonaux. L'effet général de la déstabilisation est capturé par l'indice de passivité. Cela donne, via la condition d'inégalité donnée par (5.40), un outil simple mais efficace pour l'analyse de la stabilité décentralisée inconditionnelle.

— **Robustesse.** L'analyse basée sur la passivité peut être étendue pour étudier la dynamique et une des manières est de représenter les interactions en tant qu'incertitudes de processus et d'étudier leurs impacts sur la stabilité et la performance du système en boucle fermée en utilisant le cadre de la commande robuste [MOR-89]. L'interaction peut être modélisée en tant qu'incertitude additive ou multiplicative.

La figure 5.5 illustre comment caractériser l'interaction en tant qu'incertitude additive.

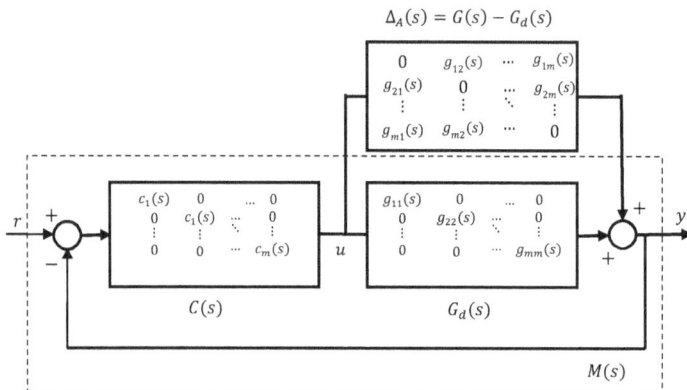

Figure 5.5 Représentation des interactions en tant qu'incertitude additive.

Pour un système décrit par un modèle complet $G(s)$ avec un sous-modèle diagonal $G_d(s) = \text{diag}\{G_{ii}\}$, la sortie y_i peut être exprimée comme suit :

$$y_i(s) = g_{ii}(s)u_i(s) + \sum_{j=1, j \neq i}^{m} g_{ij}(s)u_j(s) \tag{5.41}$$

Le premier terme de l'équation ci-dessus est le sous-ensemble diagonal et le deuxième terme représente les interactions entre le canal (i) et tous autres canaux.

L'indice de passivité du processus peut être estimé comme :

$$\nu(G(s), \omega) = -\lambda_{min}\left(\frac{1}{2}[\Delta_A(j\omega) + \Delta_A^*(j\omega) + G_d(j\omega) + G_d^*(j\omega)]\right)$$

$$\leq -\lambda_{min}\left(\frac{1}{2}[\Delta_A(j\omega) + \Delta_A^*(j\omega)]\right) - \lambda_{min}\left(\frac{1}{2}[G_d(j\omega) + G_d^*(j\omega)]\right)$$

$$= \nu(G_d(s), \omega) + \nu(\Delta_A(s), \omega) \tag{5.42}$$

Quand l'estimation de la limite supérieure de l'indice de passivité de l'incertitude est ajoutée à l'indice de passivité du modèle nominal, la condition de stabilité décentralisée inconditionnelle dans l'inégalité (5.40) est utilisée en présence d'écart entre le modèle et le procédé.

— **Processus instables.** L'outil d'analyse de la stabilité décentralisée inconditionnelle peut être appliqué à une classe de processus instables. Si un processus instable peut être stabilisé par une boucle intérieure avec une rétroaction de sortie statique diagonale, le système stabilisé peut alors être commandé par un correcteur stabilisateur décentralisé inconditionnel.

5.5 Application sur le système de bobineuse

5.5.1 Vérifications de la condition CID

Ici nous examinons et nous appliquons les conditions CID mentionnées dans ce chapitre sur le système de bobineuse montré aux figures 3.5 et 3.6 avec les paramètres donnés à l'annexe D. Le modèle d'état de ce système est donné en négligeant les variations des rayons et des inerties (modèle quasi statique), par :

$$\begin{cases} \dot{x} = Ax + Bu \\ y = Cx \end{cases}$$

$$x = [\Omega_1 \quad T_1 \quad \Omega_2 \quad T_2 \quad \Omega_3 \quad T_3 \quad \Omega_4 \quad T_4 \quad \Omega_5],$$

$$u = [C_{em1} \quad C_{em2} \quad C_{em3} \quad C_{em4} \quad C_{em5}]^T, \quad y = [T_1 \quad T_2 \quad \Omega_2 \quad T_3 \quad T_4],$$

$$A$$

$$= \begin{bmatrix} -f_1/J_1 & r_1/J_1 & 0 & 0 & 0 & 0 & 0 & 0 & 0 \\ -k_1 r_1 & 0 & k_1 r_2 & 0 & 0 & 0 & 0 & 0 & 0 \\ 0 & -r_2/J_2 & -f_2/J_2 & r_2/J_2 & 0 & 0 & 0 & 0 & 0 \\ 0 & 0 & -k_2 r_2 & 0 & k_2 r_3 & 0 & 0 & 0 & 0 \\ 0 & 0 & 0 & -r_3/J_3 & -f_3/J_3 & r_3/J_3 & 0 & 0 & 0 \\ 0 & 0 & 0 & 0 & -k_3 r_3 & 0 & k_3 r_4 & 0 & 0 \\ 0 & 0 & 0 & 0 & 0 & -r_4/J_4 & -f_4/J_4 & r_4/J_4 & 0 \\ 0 & 0 & 0 & 0 & 0 & 0 & -k_4 r_4 & 0 & k_4 r_5 \\ 0 & 0 & 0 & 0 & 0 & 0 & 0 & -r_5/J_5 & -f_5/J_5 \end{bmatrix}$$

avec l'hypothèse $d_1 = d_2 = d_3 = d_4 = 0$

$$
B = \begin{bmatrix} 1/J_1 & 0 & 0 & 0 & 0 \\ 0 & 0 & 0 & 0 & 0 \\ 0 & 1/J_2 & 0 & 0 & 0 \\ 0 & 0 & 0 & 0 & 0 \\ 0 & 0 & 1/J_3 & 0 & 0 \\ 0 & 0 & 0 & 0 & 0 \\ 0 & 0 & 0 & 1/J_4 & 0 \\ 0 & 0 & 0 & 0 & 0 \\ 0 & 0 & 0 & 0 & 1/J_5 \end{bmatrix}, \quad C = \begin{bmatrix} 0 & 0 & 0 & 0 & 0 \\ 1 & 0 & 0 & 0 & 0 \\ 0 & 0 & 0 & 0 & 0 \\ 0 & 1 & 0 & 0 & 0 \\ 0 & 0 & 1 & 0 & 0 \\ 0 & 0 & 0 & 1 & 0 \\ 0 & 0 & 0 & 0 & 0 \\ 0 & 0 & 0 & 0 & 1 \\ 0 & 0 & 0 & 0 & 0 \end{bmatrix}^T
$$

La matrice de gain statique $G_0(0)$ déduite de (3.6) est donnée par

$$
G_0(0) = \begin{bmatrix} -1.85 & 0.28 & 0.28 & 0.28 & 0.14 \\ -1.28 & -2.56 & 1.43 & 1.43 & 0.71 \\ 3.57 & 7.14 & 7.15 & 7.14 & 3.57 \\ -0.71 & -1.43 & -1.43 & 2.57 & 1.28 \\ -0.14 & -0.28 & -0.28 & -0.29 & 1.86 \end{bmatrix}
$$

1. Condition nécessaire basée sur RGA (théorème 5.2) : La matrice RGA de $G_0(0)$ est

$$
RGA(G_0) = \begin{bmatrix} \mathbf{0.93} & 0.07 & 0 & 0 & 0 \\ 0 & \mathbf{0.64} & 0.36 & 0 & 0 \\ 0.07 & 0.29 & \mathbf{0.29} & 0.29 & 0.07 \\ 0 & 0 & 0.36 & \mathbf{0.64} & 0 \\ 0 & 0 & 0 & 0.07 & \mathbf{0.93} \end{bmatrix}
$$

Les règles suivantes sont par la suite utilisées pour choisir les paires de réglages:

i)   Trouver une permutation des entrées et sorties tel que RGA(G) soit le plus proche de l'identité (la somme de chaque colonne où ligne est égal à un).

ii) Éviter de choisir des paires menant à des éléments négatifs sur la diagonale du RGA(G(0)).

Les paires de réglages possibles sont : (C_{em1}, y_1), (C_{em2}, y_2), (C_{em3}, y_3), (C_{em4}, y_4), (C_{em5}, y_5). Puisque tous les éléments diagonaux sont positifs, ce processus peut être CID.

2. Condition suffisante basée sur le petit gain (théorème 5.1) :

$$E_d(0) = [G(0) - G_d(0)]G_d^{-1}(0) = \begin{bmatrix} 0 & -0.73 & 2.04 & 0.73 & 0.26 \\ 2.38 & 0 & 10.21 & 3.67 & 1.32 \\ -6.63 & -18.35 & 0 & 18.35 & 6.63 \\ 1.32 & 3.66 & -10.2 & 0 & 2.38 \\ 0.26 & 0.73 & -2.04 & -0.73 & 0 \end{bmatrix}$$

$G_d(0)$ est la matrice diagonale de $G_0(0)$. Puisque $\bar{\mu}(E_d(0)) = 22.1 > 1$, la condition suffisante basée sur le petit gain n'est pas satisfaite.

3. La condition CID basée sur la passivité (approche basée sur VSS - théorème 5.3) : en utilisant la transformation de Cayley, on aura :

$$H = [I - G^+(0)][I + G^+(0)]^{-1}$$
$$= \begin{bmatrix} -0.3324 & 0.0051 & -0.0252 & -0.0050 & -0.0008 \\ -0.2644 & -0.5867 & -0.0656 & -0.0131 & -0.0022 \\ 0.0630 & 0.3783 & -0.8916 & -0.3783 & -0.0630 \\ -0.0022 & -0.0131 & 0.0656 & -0.5867 & -0.2644 \\ -0.0008 & -0.0050 & 0.0252 & 0.0051 & -0.3324 \end{bmatrix}$$

$$D^+ = \begin{bmatrix} -0.18 & 0 & 0 & 0 & 0 \\ 0 & -0.1 & 0 & 0 & 0 \\ 0 & 0 & 0.26 & 0 & 0 \\ 0 & 0 & 0 & 0.1 & 0 \\ 0 & 0 & 0 & 0 & 0.18 \end{bmatrix}$$

$\bar{\sigma}\{F_d H F_d^{-1}\} = 0.93 < 1$.

tel que (5.17) est satisfaite. Ceci mène à la conclusion que ce processus est CID. La condition de CID basée sur la passivité (théorème 5.3) est moins conservatrice que la condition basée sur le petit gain.

5.5.2 Paires de réglages d'une bobineuse

Avant de choisir la configuration de commande pour le système de bobineuse présenté précédemment, la procédure de pairage décrite dans la section 5.4.3 est utilisée pour déterminer les paires de réglages appropriées pour la conception d'une commande décentralisée. L'objectif est d'atteindre une performance désirée en boucle fermée en utilisant la conception de correcteurs indépendants. Pour cela, il est important de trouver les paires de réglages qui sont physiquement réalisables et qui aboutissent à une performance acceptable en satisfaisant la condition CID pour une plage de fréquences comprenant 0 ($\nu_D(G^+(s), \omega) < 0$).

Rappelons que dans les systèmes de transport de bande, la stratégie de commande "vitesse maître" est couramment utilisée. Dans ce cas, la vélocité de la sortie de l'arbre du moteur de traction du rouleau est mesurée et est comparée continuellement avec la référence. Dans cette stratégie de commande, la sélection du moteur de traction pour la vitesse maître est très importante puisque la tension est transférée de l'étage en amont à l'étage en aval. Cependant, il y a des difficultés additionnelles dans les cas où le rayon du rouleau est variant dans le temps (le cas de l'enrouleur-dérouleur), ou mal connu (mesure de rayon requise...). En pratique, on utilise un rouleau de transport avec un rayon connu et constant pour bien commander la vélocité de la bande.

Par conséquent, seulement 3 possibilités de paires de réglages qui sont physiquement réalisables restent :

Paires 1 (M_2 maître):

$$(\{T_1, C_{em1}\}, \{v_2, C_{em2}\}, \{T_2, C_{em3}\}, \{T_3, C_{em4}\}, \{T_4, C_{em5}\})$$

Paires 2 (M_3 maître):

$$(\{T_1, C_{em1}\}, \{T_2, C_{em2}\}, \{v_3, C_{em3}\}, \{T_3, C_{em4}\}, \{T_4, C_{em5}\})$$

Paires 3 (M_4 maître):

$$(\{T_1, C_{em1}\}, \{T_2, C_{em2}\}, \{T_3, C_{em3}\}, \{v_4, C_{em4}\}, \{T_4, C_{em5}\})$$

L'indice de passivité original $v_-\left(G^+(s)\right)$ défini dans (4.17) des fonctions de transfert résultantes pour chaque groupe de paires est calculé et tracé sur la figure 5.6. On peut observer que le processus avec ces paires de réglages n'est pas CID car pour $\omega = 0$ on a: $v_-\left(G^+(s)\right) > 0$.

Notons qu'il est bien établi que dans un robot, les paires couple-vitesse pour chaque articulation sont passives, mais pas les paires couple-position ou couple-déformation. Considérant la similitude de structure entre un robot et une bobineuse, il n'est donc pas surprenant que le système ne soit pas passif.

Le rouleau entraîné pour imposer la "vitesse maître" devrait être en amont dans un système de transport de bande et les rouleaux à vitesse variable pour la commande de tension devraient être en aval. Cette considération pratique est justifiée principalement par l'importance relative de la commande de tension lorsqu'on s'approche de l'enrouleuse, pour la qualité du traitement du matériau et ensuite du bobinage. Cela implique que M_2 est le meilleur choix pour le moteur maître qui impose la vitesse aux autres moteurs, ce qui correspond aux paires 1. Pour ces paires de réglages, l'indice de passivité original $v_-(G^+(s), \omega)$ et l'indice de passivité diagonalement mis en échelle $v_D(G^+(s), \omega)$ sont tracés sur la figure 5.7. On remarque que l'indice de passivité mis en échelle est significativement plus petit. Puisque $v_D(G^+(s), 0) < 0$, alors le processus avec ces paires de réglages est CID.

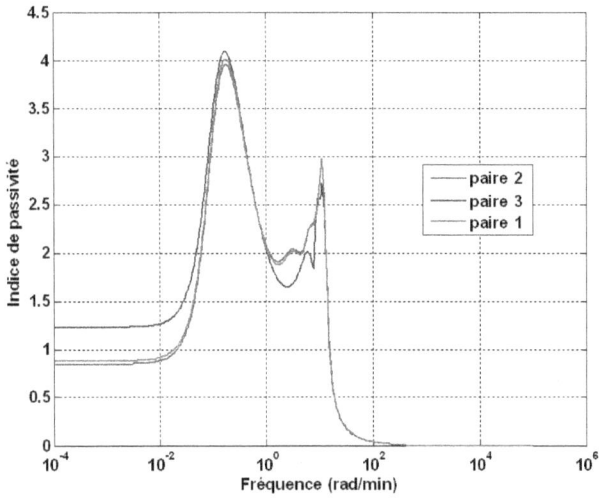

Figure 5.6 Indices de passivité originaux pour le système de la bobineuse.

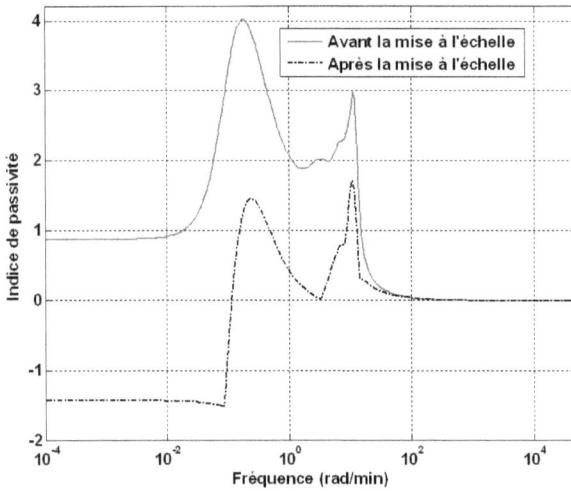

Figure 5.7 Indice de passivité original et mis à l'échelle pour les paires 1.

5.6 Conclusion

Dans ce chapitre, des conditions suffisantes pour la CID sont développées sur la base de la passivité. On a montré comment le concept de passivité est employé dans l'analyse d'interaction dynamique et dans la conception de la commande décentralisée. L'indice de passivité qui mesure l'effet de déstabilisation d'interactions des boucles est employé dans ce cas-ci pour choisir les paires de réglages appropriées pour la conception de la commande décentralisée de la bobineuse. Le théorème de passivité est utilisé pour analyser la stabilité décentralisée. Si un processus linéaire est strictement passif, n'importe quel correcteur décentralisé passif peut accomplir la passivité basée sur la condition de stabilité décentralisée inconditionnelle (SDI).

Chapitre 6—*Structures de commande et simulations*

Dans les systèmes de transport de bande, les objectifs de la commande sont de : *i)* commander la vitesse de la bande et la tension dans les différents segments de bande, *ii)* limiter les effets vibratoires et de résonances rencontrés dans cette industrie afin de respecter les spécifications de production et les qualités désirées. Pour atteindre ces objectifs, l'approche proposée consiste en la hiérarchisation de la commande. Pour cela, nous distinguons deux niveaux de commande: inférieur et supérieur. Cette distinction nous permettra de concevoir un correcteur qui réduit significativement les vibrations flexibles de la structure, soit un correcteur *faible autorité* basé sur la représentation du Hamiltonien à ports commandé, ainsi qu'une commande assurant l'essentiel des performances, réalisée par le correcteur *forte autorité* basé sur la passivité.

6.1 Commande hiérarchisée (*faible* et *forte autorité*)

Généralement, dans le cas de systèmes complexes à grande échelle pour lesquels le niveau de performance recherché est extrêmement élevé, l'approche la mieux adaptée consiste à superposer des niveaux de commande inférieurs puis supérieurs, ce qui conduit à la *hiérarchisation* de la commande (figure 6.1). Ce point paraît intéressant, car il constitue l'une des facettes de la complémentarité entre les actionneurs. Il est en effet logique que les niveaux de commande supérieurs visent à la stabilisation de la structure, on parle généralement dans ce cas de commande à *faible autorité* ou *Low*

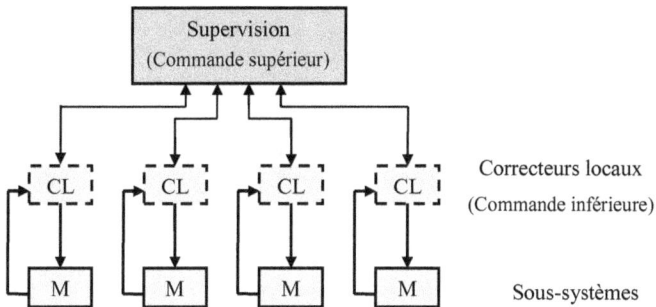

Figure 6.1 Commande hiérarchisée.

Authority Control (LAC). En revanche, les niveaux de commande inférieurs qui assurent l'essentiel des performances doivent être à forte autorité (par opposition aux niveaux situés au dessus); on parle alors de commande à *forte autorité*, ou *High Authority Control* (HAC).

Par conséquent, les forces de commande qui agissent sur la structure peuvent être divisées en deux : les *forces de poursuite* représentées par la commande HAC qui déplacent la structure pour suivre la cible, et les *forces d'amortissement* représentées par la commande LAC qui agissent sur la structure en introduisant des amortissements virtuels supplémentaires pour réduire les vibrations. En effet, la compensation des vibrations n'est en général nécessaire qu'au voisinage des résonances; une action de faible amplitude peut donc suffire à contrer un déplacement important sans influencer considérablement le mouvement global de la structure entière qui exige typiquement des forces de poursuite significativement plus grandes que les forces d'amortissement.

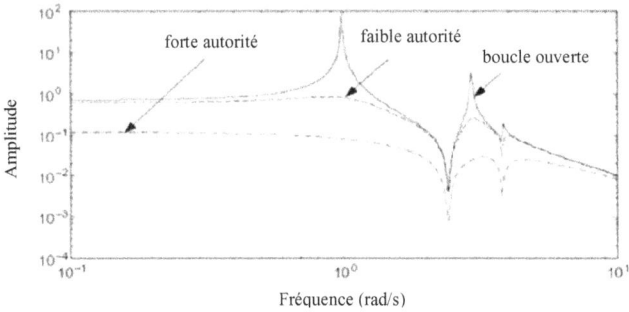

Figure 6.2   Amplitude de la fonction de transfert du système en boucle ouverte, en boucle fermée avec un correcteur faible autorité et avec un correcteur forte autorité.

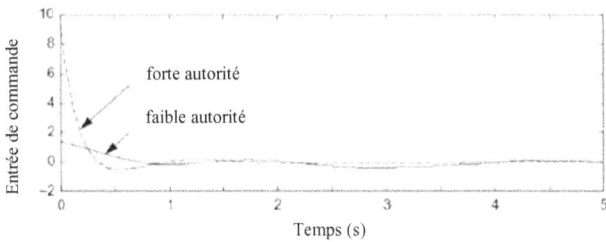

Figure 6.3   Entrée de commande du système pour les correcteurs faible et forte autorité.

6.2   Correcteur faible autorité basé sur la représentation PCHD

La figure 6.2 représente la réponse dans le domaine fréquentiel d'une structure simple composée de masses-ressorts. On remarque que le correcteur faible autorité réduit significativement les pics de résonance, et affecte légèrement la fonction de transfert hors-résonance. Augmenter les gains implique l'augmentation significative de l'entrée de commande (figure 6.3). Néanmoins, l'entrée est limitée en raison des contraintes physiques. Cette caractéristique peut expliquer l'utilité du correcteur à faible autorité pour la structure de bobineuse en utilisant une petite puissance d'entrée qui peut commander efficacement les vibrations. Un autre regard sur le correcteur faible autorité est d'observer le lieu des racines avec lequel les gains de rétroaction du correcteur faible autorité déplacent les pôles structurels dans un modèle horizontal, c.-à-d., les gains de commande influent surtout la partie réelle des pôles, résultant en une augmentation d'amortissement structurel sans que les fréquences naturelles ne soient significativement influées. En revanche, pour des gains plus élevés, le lieu des racines dérive du modèle et les fréquences naturelles changent significativement. L'analyse et l'impact de la configuration de correcteur faible autorité sur le système de commande est discutée dans la section suivante.

6.2.1 Modèle PCHD basé sur les coordonnées locales

La ligne de procédé industriel de transport de bande est un système connecté à grande échelle avec plusieurs variables de commande et de mesure. Typiquement, une ligne de procédé de bande, dont le système de bobineuse, est divisée en plusieurs sections ou sous-systèmes fonctionnels qui incluent le dérouleur, le moteur maître, l'enrouleur et les sections intermédiaires du processus.

Dans cette section, le système de transport de bande est modélisé comme un système PCHD afin de développer un correcteur faible autorité fondé sur :

i) les stratégies de stabilisation basées sur l'argument de passivité qui permettent d'obtenir des points d'opération asymptotiquement stables du système commandé;

ii) une interprétation et une motivation physique de l'action de commande en introduisant des amortisseurs fictifs supplémentaires afin de réduire les vibrations dans le système de bobineuse où la flexibilité de la bande est une source de vibrations et de résonances entre les moteurs avoisinants.

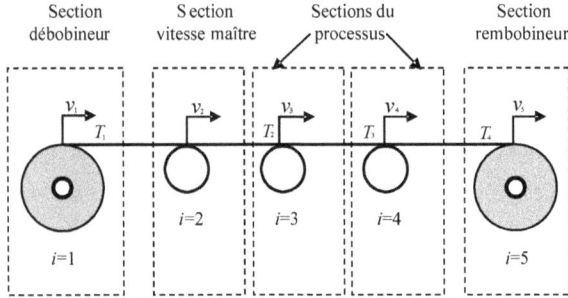

Figure 6.4 Sections d'un système de bobineuse typique.

Les équations qui décrivent la dynamique de chaque section de la figure 6.4, en adoptant le modèle approximatif moyen (2.21) pour la modélisation de la bande sont présentées dans (6.1).

Hypothèse: on néglige les effets dynamiques des variations d'inertie et de rayon qui sont typiquement lentes devant la dynamique des vitesses et des tensions.

○ *Section dérouleur :*

$$\frac{d}{dt}[J_1 v_1] = r_1 C_{em1} + r_1^2 T_1 - f_1 v_1 \tag{6.1.a}$$

$$L_{Bande1}\dot{T}_1 = ES(v_2 - v_1) - T_1 v_1 \tag{6.1.b}$$

○ *Section vitesse maître :*

$$\frac{d}{dt}[J_2 v_2] = r_2 C_{em2} + r_2^2 (T_2 - T_1) - f_2 v_2 \tag{6.1.c}$$

○ *Sections processus :*

$$\frac{d}{dt}[J_3 v_3] = r_3 C_{em3} + r_3^2 (T_3 - T_2) - f_3 v_3 \tag{6.1.d}$$

$$\frac{d}{dt}[J_4 v_4] = r_4 C_{em4} + r_4^2 (T_4 - T_3) - f_4 v_4 \tag{6.1.e}$$

$$L_{bande2}\dot{T}_2 = ES(v_3 - v_2) - (T_2 - T_1)v_2 \tag{6.1.f}$$

$$L_{bande3}\dot{T}_3 = ES(v_4 - v_3) - (T_3 - T_2)v_3 \qquad (6.1.g)$$

   o *Section enrouleur :*

$$\frac{d}{dt}[J_5 v_5] = r_5 C_{em5} - r_5^2 T_4 - f_5 v_5 \qquad (6.1.h)$$

$$L_{bande4}\dot{T}_4 = ES(v_5 - v_4) - (T_4 - T_3)v_4 \qquad (6.1.i)$$

Ces équations peuvent être formulées comme un système PCHD en utilisant les coordonnés locales pour x :

$$\dot{x} = [\mathbf{J}(x) - \mathbf{R}(x)]\frac{\partial \mathrm{H}(x)}{\partial \mathrm{x}} + g(x)U \qquad (6.2)$$

x

$$= \left[J_1\Omega_1 \quad \frac{L_{bande1}}{SE}T_1 \quad J_2\Omega_2 \quad \frac{L_{bande2}}{SE}T_2 \quad J_3\Omega_3 \quad \frac{L_{bande3}}{SE}T_3 \quad J_4\Omega_4 \quad \frac{L_{bande4}}{SE}T_4 \quad J_5\Omega_5 \right]$$

$$\frac{\partial H}{\partial x} = [\Omega_1 \quad T_1 \quad \Omega_2 \quad T_2 \quad \Omega_3 \quad T_3 \quad \Omega_4 \quad T_4 \quad \Omega_5]^T; \quad \Omega_i = v_i/r_i$$

$$U = [C_{em1} \quad C_{em2} \quad C_{em3} \quad C_{em4} \quad C_{em5}]^T;$$

$[\mathbf{J} - \mathbf{R}](x)$

$$= \begin{bmatrix}
-f_1 & r_1 & 0 & 0 & 0 & 0 & 0 & 0 & 0 \\
-r_1 & -\dfrac{v_1}{SE} & r_2 & 0 & 0 & 0 & 0 & 0 & 0 \\
0 & -r_2 & -f_2 & r_2 & 0 & 0 & 0 & 0 & 0 \\
0 & 0 & -(1-\dfrac{T_1}{SE})r_2 & -\dfrac{v_2}{SE} & r_3 & 0 & 0 & 0 & 0 \\
0 & 0 & 0 & -r_3 & -f_3 & r_3 & 0 & 0 & 0 \\
0 & 0 & 0 & 0 & -(1-\dfrac{T_2}{SE})r_3 & -\dfrac{v_3}{SE} & r_4 & 0 & 0 \\
0 & 0 & 0 & 0 & 0 & -r_4 & -f_4 & r_4 & 0 \\
0 & 0 & 0 & 0 & 0 & 0 & -(1-\dfrac{T_3}{SE})r_4 & -\dfrac{v_4}{SE} & r_5 \\
0 & 0 & 0 & 0 & 0 & 0 & 0 & -r_5 & -f_5
\end{bmatrix}$$

$$g = \begin{bmatrix}
1 & 0 & 0 & 0 & 0 & 0 & 0 & 0 & 0 \\
0 & 0 & 1 & 0 & 0 & 0 & 0 & 0 & 0 \\
0 & 0 & 0 & 0 & 1 & 0 & 0 & 0 & 0 \\
0 & 0 & 0 & 0 & 0 & 0 & 1 & 0 & 0 \\
0 & 0 & 0 & 0 & 0 & 0 & 0 & 0 & 1
\end{bmatrix}^T$$

On remarque que dans la matrice $[\mathbf{J} - \mathbf{R}]$, les termes $\frac{T_k r_{k+1}}{SE}$ $(k = 1,2,3)$ n'ont pas leur antisymétrique négatif, cela peut détériorer la structure dissipative du système.

Cependant, on peut compenser ces termes soit par :

i) l'application d'une commande de rétroaction non linéaire (6.3) afin d'obtenir une structure dissipative du système.

$$C_{em_{k+1}} = -\frac{r_{k+1}}{SE} T_k T_{k+1} + C_{em_{(k+1)T}} \quad (k = 1,2,3) \tag{6.3}$$

***Hypothèse*:** On suppose que la compensation est exacte et que le système ne prend pas en considération les variations de ES et de la matrice $\mathbf{J}$, et que les variations des inerties et de rayons sont typiquement lentes devant la dynamique des vitesses et tensions.

Ce qui permet d'avoir une matrice $\mathbf{J}(x)$ antisymétrique et une matrice $\mathbf{R}(x)$ symétrique définie positive pour $U = [C_{em1}, C_{em2}, C_{em3}, C_{em4}, C_{em5}]$.

$\mathbf{J}(x)$

$$= \begin{bmatrix}
0 & r_1 & 0 & 0 & 0 & 0 & 0 & 0 & 0 \\
-r_1 & 0 & r_2 & 0 & 0 & 0 & 0 & 0 & 0 \\
0 & -r_2 & 0 & (1-\frac{T_1}{SE})r_2 & 0 & 0 & 0 & 0 & 0 \\
0 & 0 & -(1-\frac{T_1}{SE})r_2 & 0 & r_3 & 0 & 0 & 0 & 0 \\
0 & 0 & 0 & -r_3 & 0 & (1-\frac{T_2}{SE})r_3 & 0 & 0 & 0 \\
0 & 0 & 0 & 0 & -(1-\frac{T_2}{SE})r_3 & 0 & r_4 & 0 & 0 \\
0 & 0 & 0 & 0 & 0 & -r_4 & 0 & (1-\frac{T_3}{SE})r_4 & 0 \\
0 & 0 & 0 & 0 & 0 & 0 & -(1-\frac{T_3}{SE})r_4 & 0 & r_5 \\
0 & 0 & 0 & 0 & 0 & 0 & 0 & -r_5 & 0
\end{bmatrix}$$

$$\mathbf{R}(x) = \begin{bmatrix} f_1 & 0 & 0 & 0 & 0 & 0 & 0 & 0 & 0 \\ 0 & \dfrac{v_1}{SE} & 0 & 0 & 0 & 0 & 0 & 0 & 0 \\ 0 & 0 & f_2 & 0 & 0 & 0 & 0 & 0 & 0 \\ 0 & 0 & 0 & \dfrac{v_2}{SE} & 0 & 0 & 0 & 0 & 0 \\ 0 & 0 & 0 & 0 & f_3 & 0 & 0 & 0 & 0 \\ 0 & 0 & 0 & 0 & 0 & \dfrac{v_3}{SE} & 0 & 0 & 0 \\ 0 & 0 & 0 & 0 & 0 & 0 & f_4 & 0 & 0 \\ 0 & 0 & 0 & 0 & 0 & 0 & 0 & \dfrac{v_4}{SE} & 0 \\ 0 & 0 & 0 & 0 & 0 & 0 & 0 & 0 & f_5 \end{bmatrix}$$

ii) l'application directe de la remarque suivante :

Remarque : Il est utile de noter que toute matrice carrée M peut être écrite comme étant la somme d'une matrice symétrique M_S et d'une matrice antisymétrique M_{SS} données par :

$$M_S = \frac{(M + M^T)}{2}, \qquad M_{SS} = \frac{(M - M^T)}{2} \tag{6.4}$$

Dans notre cas, $M = \mathbf{J} - \mathbf{R}$ avec $M_{SS} = \mathbf{J}(x)$ et $M_S = -\mathbf{R}$:

$\mathbf{J}(x)$

$$= \begin{bmatrix} 0 & r_1 & 0 & 0 & 0 & 0 & 0 & 0 & 0 \\ -r_1 & 0 & r_2 & 0 & 0 & 0 & 0 & 0 & 0 \\ 0 & -r_2 & 0 & \left(1 - \dfrac{T_1}{2SE}\right)r_2 & 0 & 0 & 0 & 0 & 0 \\ 0 & 0 & -\left(1 - \dfrac{T_1}{2SE}\right)r_2 & 0 & r_3 & 0 & 0 & 0 & 0 \\ 0 & 0 & 0 & -r_3 & 0 & \left(1 - \dfrac{T_2}{2SE}\right)r_3 & 0 & 0 & 0 \\ 0 & 0 & 0 & 0 & -\left(1 - \dfrac{T_2}{2SE}\right)r_3 & 0 & r_4 & 0 & 0 \\ 0 & 0 & 0 & 0 & 0 & -r_4 & 0 & \left(1 - \dfrac{T_3}{2SE}\right)r_4 & 0 \\ 0 & 0 & 0 & 0 & 0 & 0 & -\left(1 - \dfrac{T_3}{2SE}\right)r_4 & 0 & r_5 \\ 0 & 0 & 0 & 0 & 0 & 0 & 0 & -r_5 & 0 \end{bmatrix}$$

$$\mathbf{R}(x) = \begin{bmatrix} f_1 & 0 & 0 & 0 & 0 & 0 & 0 & 0 & 0 \\ 0 & \dfrac{v_1}{SE} & 0 & 0 & 0 & 0 & 0 & 0 & 0 \\ 0 & 0 & f_2 & \dfrac{-T_1 r_2}{2SE} & 0 & 0 & 0 & 0 & 0 \\ 0 & 0 & \dfrac{-T_1 r_2}{2SE} & \dfrac{v_2}{SE} & 0 & 0 & 0 & 0 & 0 \\ 0 & 0 & 0 & 0 & f_3 & \dfrac{-T_2 r_3}{2SE} & 0 & 0 & 0 \\ 0 & 0 & 0 & 0 & \dfrac{-T_2 r_3}{2SE} & \dfrac{v_3}{2SE} & 0 & 0 & 0 \\ 0 & 0 & 0 & 0 & 0 & 0 & f_4 & \dfrac{-T_3 r_4}{2SE} & 0 \\ 0 & 0 & 0 & 0 & 0 & 0 & \dfrac{-T_3 r_4}{2SE} & \dfrac{v_4}{2SE} & 0 \\ 0 & 0 & 0 & 0 & 0 & 0 & 0 & 0 & f_5 \end{bmatrix}$$

La matrice $\mathbf{J}(x)$ est antisymétrique, alors que $\mathbf{R}(x)$ est une matrice symétrique semi-définie positive pour : $4SEf_{k+1}v_{(k+1)} - (r_{k+1}T_k)^2 \geq 0$ ($k = 1,2,3$) avec $v_k \geq 0$. À cause de cette condition, l'application de la remarque précédente n'est pas valide aux basses vitesses et pour des vitesses négatives.

Dans ce cas, le système décrit par les équations (6.1) peut être formulé sous une forme PCHD, dont la sortie y du système est donnée par:

$$y = g^T(x)\frac{\partial H(x)}{\partial x} = [\Omega_1 \quad \Omega_2 \quad \Omega_3 \quad \Omega_4 \quad \Omega_5]^T \tag{6.5}$$

Nous remarquons ici que les sorties sont les vitesses et que la commande des tensions devra être réalisée dans une étape ultérieure.

Dans la suite, c'est l'approche (i) avec la commande de rétroaction (6.3) qui est retenue, avec la supposition que ($SE \gg T_k$, $k = 1,2,\cdots,4$) pour que la matrice $\mathbf{J}$ soit indépendante de (x).

La fonction Hamiltonienne $H(x)$ du système décrit par (6.1) est obtenue par l'intégration du gradient de $H(x)$:

$$H(x) = \frac{1}{2}\sum_{i=1}^{5} J_i \Omega_i^2 + \frac{1}{2}\sum_{i=1}^{4}(L_i/SE)T_i^2 \tag{6.6}$$

La fonction Hamiltonienne $H(x)$ dans (6.6) est quadratique et définie positive, alors on peut l'utiliser comme une fonction candidate de Lyapunov. Le premier terme représente l'énergie cinétique totale (E_c) alors que le second terme représente l'énergie potentielle totale (E_p).

6.2.2 Stabilisation par rétroaction statique de sortie

Maintenant que la représentation PCHD du système de la figure 6.4 est établie, le modèle est exploité pour définir les structures de commande faible autorité pour tenter de réduire les vibrations afin d'améliorer la qualité du produit. Une solution est d'insérer des amortisseurs virtuels dans la structure en utilisant la rétroaction de sortie pour obtenir la stabilité asymptotique du système contrôlé [INM-89]. Si la stabilité des structures de commande est nécessaire, afin d'assurer de bonnes performances pour le modèle, mais surtout pour le procédé qu'il représente, leur robustesse vis-à-vis des incertitudes et/ou perturbations n'en est pas moins primordiale. Dans ce cas, le développement d'une loi de commande doit assurer non seulement la stabilité, mais aussi la robustesse.

Le signal de commande total est défini par (figure 6.5) :

$$U_k = U_{Dk} + U_{Fk} \qquad k = 1, 2, \dots 5 \qquad (6.7)$$

Le niveau de commande à faible autorité consiste à utiliser la rétroaction de vitesses intérieures pour introduire des amortissements virtuels supplémentaires nécessaires dans la structure, ce terme est identifié dans (6.7) par U_{Dk}, $k = 1,2,3,4,5$. Le deuxième terme identifié comme $U_{Fk}(k = 1,2,3,4,5)$ est utilisé pour représenter le niveau de commande forte autorité pour commander la vitesse de la bande et les tensions de chaque segment de la bande.

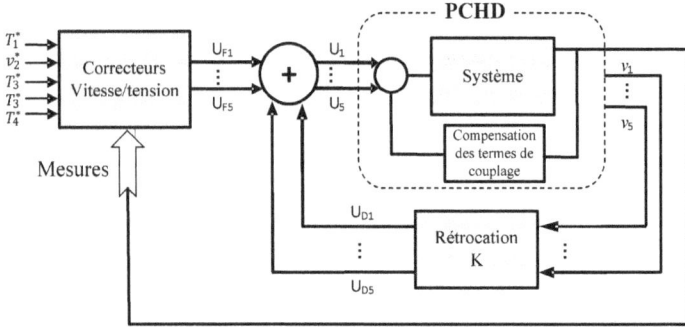

Figure 6.5 Structure de commande totale : faible et forte autorité.

La difficulté dans l'implémentation du correcteur à faible autorité réside dans:

i) le choix du gain de la matrice de rétroaction de sortie (6.5) (résumé dans le problème 6.1 ci-dessous).

ii) l'emplacement des amortisseurs qui permet d'obtenir les propriétés désirées de la réponse, c'est-à-dire une réduction désirée des vibrations dans la structure.

Le problème de conception d'un correcteur de rétroaction statique de sortie est décrit dans le problème ci-dessous.

Problème 6.1. Stabilisation de rétroaction statique de sortie avec des contraintes structurelles. On propose de formuler le système PCHD comme étant un système d'espace d'état affine en posant $\frac{\partial H(x)}{\partial x} = Tx$ (T est une matrice diagonale).

$$\begin{cases} \dot{x} = \underbrace{[\mathbf{J} - \mathbf{R}]T}_{A} x + Bu \\ y = \underbrace{g^T T}_{C} x, \end{cases} \tag{6.8}$$

où $A = [\mathbf{J} - \mathbf{R}]T$, $C = g^T T$, $x \in \mathbb{R}^n$, $u \in \mathbb{R}^m$ et $y \in \mathbb{R}^m$. Trouver une loi de commande avec une rétroaction statique de sortie donnée par : $u = -Fy$, $F \in \mathcal{F}$, tel que le système en boucle fermée :

$$\Sigma_c : \begin{cases} \dot{x} = (A + BFC)x \\ y = Cx \end{cases} \tag{6.9}$$

soit stable.

$\mathcal{F} \subset \mathbb{R}^{m \times m}$ indique une série de matrices avec des structures spécifiées, par exemple, des matrices diagonales ou des matrices avec des éléments zéro à des emplacements pré-spécifiés. De la condition de stabilité de Lyapunov, le problème de stabilisation de rétroaction statique de sortie est équivalent au problème de faisabilité suivant.

Problème 6.2 [BAO-07]. Trouver une matrice F avec une structure spécifiée et une matrice de Lyapunov $P = P^T > 0$ tel que la matrice d'inégalité suivante soit satisfaite :

$$(A + BFC)^T P + P(A + BFC) < 0 \tag{6.10}$$

Puisque P et F sont des variables de décision, l'inégalité ci-dessus est bilinéaire. Ici, nous adoptons l'approche fondée sur la méthode d'inégalité de matrice linéaire itérative (ILMI) [CAO-98][BAO-07] avec une extension pour que les contraintes structurelles sur la variable matricielle F soient convenablement traitées. Selon [CAO-98], l'inégalité (6.10) est satisfaite si les variables matricielles P, F et la variable scalaire $\alpha < 0$ peuvent être trouvées tels que la LMI suivante est satisfaite :

$$P > 0, \tag{6.11}$$

$$\begin{bmatrix} A^T P + PA - XBB^T P - PBB^T X + XBB^T X - \alpha P & (B^T P + FC)^T \\ B^T P + FC & -I \end{bmatrix} < 0, \tag{6.12}$$

où $X = X^T$ est une matrice réelle définie positive.

Maintenant le problème 6.1 sera transformé en un problème de valeurs propres généralisées. La matrice statique de rétroaction de sortie F peut être trouvée en résolvant alternativement les deux problèmes suivants jusqu'à $\alpha < 0$:

Problème 6.3

$$\min_{P,F}\{\alpha\},$$

Sujet à (6.11) et (6.12).

Problème 6.4

$$\min_{P,F}\{\mathrm{Tr}(P)\},$$

Sujet à (6.11) et (6.12).

Dans les deux problèmes mentionnés ci-dessus, la variable de décision F est une matrice avec une certaine structure pré-spécifiée.

Procédure de conception de la commande

1. Concevoir le correcteur faible autorité basé sur la représentation PCHD : déterminer

le correcteur de rétroaction statique de sortie $u = -Fy$, c'est-à-dire, trouver une matrice F tel que la condition dans (6.10) soit satisfaite. Ceci est réalisé par la procédure itérative suivante :

a) Choisir $Q > 0$ et résoudre $P = P^T > 0$ à partir de l'équation algébrique de Riccati suivante :

$$A^T P + PA - PBB^T P + Q = 0. \qquad (6.13)$$

Posant $X = P$.

b) Spécifier la structure de la matrice F. Commencer par une structure diagonale avec un nombre minimum d'éléments diagonaux différents de zéro.

c) Résoudre le Problème 6.3 pour P, F et α. Si $\alpha \leq 0$, F est un gain de rétroaction statique stabilisant. Aller à l'étape 2.

d) Résoudre le Problème 6.4 pour P et F en utilisant α obtenu à l'étape 1c.

---

e) Si $\|X - P\| > \delta$, poser $X = P$ et aller à l'étape 1c pour la prochaine itération. Autrement, le problème statique de rétroaction de sortie n'est pas soluble par cette approche d'ILMI avec la structure spécifiée de F. Aller à l'étape 1b et spécifier une structure alternative pour la matrice F.

2.   Concevoir le correcteur forte autorité basé sur la commande décentralisée (section 6.3)

6.2.3 Structures d'injection d'amortissements dans le système

En considérant M_2 comme moteur maître qui impose la vitesse de la bande, trois différentes réalisations sont proposées pour la matrice $\mathbf{F}$ ($\mathbf{F}_1$, $\mathbf{F}_2$ et $\mathbf{F}_3$) afin d'injecter plus d'amortissement dans le système de bobineuse de la figure 6.4.

$$\mathbf{F}_1 = \begin{bmatrix} b_1 & 0 & 0 & 0 & 0 \\ 0 & b_2 & 0 & 0 & 0 \\ 0 & 0 & b_3 & 0 & 0 \\ 0 & 0 & 0 & b_4 & 0 \\ 0 & 0 & 0 & 0 & b_5 \end{bmatrix}$$

$$\mathbf{F}_2 = \begin{bmatrix} b_1 + b_{12} & -b_{12} & 0 & 0 & 0 \\ 0 & b_2 & 0 & 0 & 0 \\ 0 & -b_{32} & b_3 + b_{32} & 0 & 0 \\ 0 & -b_{42} & 0 & b_4 + b_{42} & 0 \\ 0 & -b_{52} & 0 & 0 & b_5 + b_{52} \end{bmatrix} \qquad (6.14)$$

$$\mathbf{F}_3 = \begin{bmatrix} b_1 + b_{12} & -b_{12} & 0 & 0 & 0 \\ -b_{12} & b_2 + b_{12} + b_{23} & -b_{23} & 0 & 0 \\ 0 & -b_{23} & b_3 + b_{23} + b_{34} & -b_{34} & 0 \\ 0 & 0 & -b_{34} & b_4 + b_{34} + b_{45} & -b_{45} \\ 0 & 0 & 0 & -b_{45} & b_5 + b_{45} \end{bmatrix}$$

Utilisant (6.14) et les sorties y_i définies dans (6.5), la loi de commande d'amortissement correspondent à chaque réalisation est définie respectivement par :

$\mathbf{F}_1 : \{ F_{Dk} = -b_k \Omega_k \qquad\qquad k = 1,2,3,4,5$

$$\mathbf{F}_2 : \begin{cases} F_{Dk} = -b_k\Omega_k - b_{k2}(\Omega_k - \Omega_2) & k = 1,3,4,5 \\ F_{Dk} = -b_k\Omega_k & k = 2 \end{cases} \tag{6.15}$$

$$\mathbf{F}_3 : \begin{cases} F_{Dk} = -b_k\Omega_k - b_{k(k+1)}(\Omega_k - \Omega_{k+1}) & k = 1 \\ F_{Dk} = -b_k\Omega_k - b_{(k-1)k}(\Omega_k - \Omega_{k-1}) - b_{k(k+1)}(\Omega_k - \Omega_{k+1}) & k = 2,3,4 \\ F_{Dk} = -b_k\Omega_k - b_{(k-1)k}(\Omega_k - \Omega_{k-1}) & k = 5 \end{cases}$$

Pour le système amorti, l'inégalité de dissipation

$$\frac{dH}{dt} \leq \sum_{k=1}^{5} y_k U_{Fk} \tag{6.16}$$

où $U_F = [U_{F1} \quad U_{F2} \quad U_{F3} \quad U_{F4} \quad U_{F5}]^T$ est satisfaite pour

$b_k > 0 \quad (k = 1,2,3,4,5)$ pour les matrices ($\mathbf{F}_1$, $\mathbf{F}_2$ et $\mathbf{F}_3$)

et (6.17)

$b_2 - (b_{12} + b_{32} + b_{42} + b_{52})/4 > 0$ pour la matrice ($\mathbf{F}_2$)

Le système (6.1) avec la loi de commande (6.15) et la fonction de stockage H est passive pour la nouvelle entrée U_F où les correcteurs de vitesse et de tension peuvent être aussi justifiés en utilisant l'argument de passivité.

6.2.4 Interprétation des structures de commande

En utilisant la matrice $\mathbf{F}=\mathbf{F}_1$ (6.14), chaque entrée de commande F_{Dk} dans (6.15) qui correspond à cette matrice contient un terme de rétroaction de vitesse $(-b_k\Omega_k)$ représentant le couple d'amortissement exercé sur le rouleau (k) qu'on peut représenter par un amortisseur virtuel de coefficient b_k appliqué sur le moteur M_k. Donc, l'utilisation de la matrice $\mathbf{F}=\mathbf{F}_1$ (6.14) peut être interprétée physiquement comme l'insertion des amortisseurs virtuels aux emplacements montrés dans la figure 6.6-a.

D'autre part, la structure de commande maître-esclave est généralement utilisée dans les systèmes de transport de bande. Dans cette structure, la vitesse du rouleau de traction sélectionné, qui impose la vitesse de défilement de la bande, est réglée à une valeur constante définie (nommée "vitesse maître"), alors que les autres moteurs pourraient être vus comme des esclaves au moteur maître. Afin de tenter d'améliorer le comportement du système, la matrice $\mathbf{F}=\mathbf{F_2}$ dans (6.14) permet de réaliser la structure maître-esclave en ajoutant un lien de l'entraînement maître aux autres moteurs par l'intermédiaire d'amortisseurs virtuels (fictifs) en partant du principe que les autres entraînements ne doivent pas osciller par rapport à l'entraînement maître. Les termes de rétroaction dans les entrées de commande F_{D1}, F_{D3}, F_{D4} et F_{D5} (6.15) pour $\mathbf{F}=\mathbf{F_2}$ représentent les couples d'amortissement agissant respectivement sur les moteurs M_1, M_3, M_4 et M_5 en raison de la différence de vitesse par rapport au moteur maître M_2. Notons que l'énergie exigée par l'amortisseur virtuel est injectée ou absorbée par le correcteur, mais qu'aucune énergie qui correspond à ces termes d'interaction n'est échangée avec le moteur M_2. L'emplacement des amortisseurs virtuels assurés par le correcteur (6.15) pour $\mathbf{F}=\mathbf{F_2}$ est illustré dans la figure 6.6-b.

La même interprétation peut être utilisée pour le cas de la structure de couplage croisé réalisée par l'utilisation de la matrice $\mathbf{F}=\mathbf{F_3}$ (6.14). Le résultat des interactions mutuelles entre chaque paire de moteurs adjacents mène à la structure du système équivalent de la figure 6.6.c où tous les moteurs sont affectés par des amortisseurs virtuels. Dans ce cas, l'énergie exigée par ces amortisseurs est injectée et absorbée par le correcteur (6.14) qui correspond à la matrice $\mathbf{F}=\mathbf{F_2}$. Cette énergie correspond aux termes d'interaction échangée avec chaque moteur adjacent. Nous associons cette structure à une structure cascade maître-esclave avec couplage.

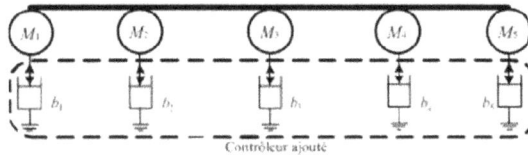

(a)   Structure diagonale

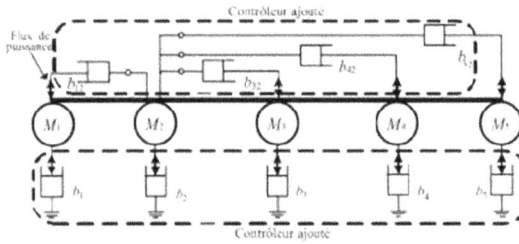

(b)   Structure Maître-Esclave

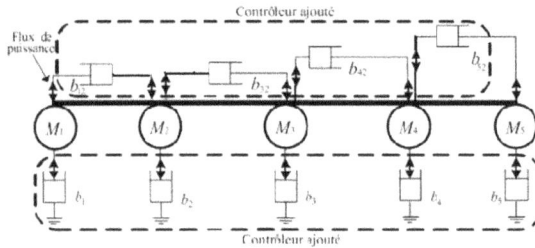

(c)   Structure croisée

Figure. 6.6   Système équivalent avec injection d'amortissement (La ligne épaisse représente la bande, les doubles flèches représentent l'échange d'énergie et les petits cercles représentent les points de mesure sans échange d'énergie).

6.3 Correcteur forte autorité basé sur la passivité

6.3.1 Exigences de la commande

Le correcteur forte autorité implanté par des boucles locales doit assurer l'essentiel des performances. De plus, les oscillations excessives de la tension ou de la vitesse peuvent causer la perte de la bande entière (à cause de sa détérioration) ; le souci principal est d'empêcher les coupures de la bande, le pliage et les dommages qui peuvent ralentir ou même causer l'arrêt de la chaîne de production. Donc, les systèmes de commande dans cette industrie doivent respecter les conditions suivantes afin de rencontrer les spécifications de production et de qualité.

— Régulation de la vitesse et des tensions de la bande avec un découplage tensions/ vitesses. Un changement de référence sur la vitesse n'affecte pas les tensions de la bande et réciproquement.

— Robustesse par rapport aux variations du module d'élasticité de la bande, et aux variations de l'inertie du rouleau: la même performance devrait être maintenue durant tout le traitement de la bande.

6.3.2 Méthodologies de commande

Dans cette section, nous montrerons comment concevoir, pour notre système de bobineuse, un correcteur passif de forte autorité basé sur la commande décentralisée en assurant l'essentiel des performances. Puisque les correcteurs PI multiboucle avec des gains positifs sont passifs, ils peuvent être réglés davantage pour satisfaire la passivité basée sur la condition SDI. Cependant, il existe de nombreuses façons d'employer les boucles de commande PI dans les systèmes de transport de bande; soit seulement un rouleau peut avoir une rétroaction du correcteur PI, soit tous les rouleaux et les segments de bande peuvent être contrôlés. Dans cette industrie, la méthode

---

fondamentale pour toutes les méthodologies de commande est basée sur la spécification d'une vitesse de défilement de la bande grâce à un asservissement de vitesse d'un seul moteur de traction appelé "*maître*", tandis qu'un asservissement en tension est appliqué aux autres moteurs afin de maintenir les tensions désirées de chaque segment de bande.

A. Méthodologie de commande tension-couple boucle ouverte (TCBO)

La méthodologie de commande TCBO appliquée au système de bobineuse est illustrée à la figure 6.7. Les tensions dans un tel système sont développées par une application directe du couple pour la commander, alors que la vitesse de la bande est commandée par un correcteur de vitesse maître. Ce mode de commande présente un bon contrôle de défilement avec la possibilité d'une commande stationnaire de tension. En revanche, la réponse en tension présente des oscillations significatives, car la précision dépend de la qualité du calibrage et des variations des paramètres dont le régime dynamique n'est pas contrôlé.

B. Méthodologie de commande tension-vitesse boucle ouverte (TVBO)

Contrairement à la structure de commande TCBO qui utilise les couples des moteurs pour spécifier la vitesse du rouleau afin de commander la tension, la méthodologie de commande TVBO consiste à placer tous les rouleaux sous la commande de vitesse (figure 6.8) dont les vitesses de référence sont choisies afin de produire les tensions désirées en régime permanent. Ceci donne un meilleur rejet de perturbations et une meilleure réponse de vitesse comparativement à la méthodologie TCBO. Ce mode de commande utilisé avec transmission mécanique n'est pas pratique pour une transmission électronique, car il n'y a aucune commande de tension possible. Cependant, cette structure basée seulement sur l'information de vitesse est parfaitement

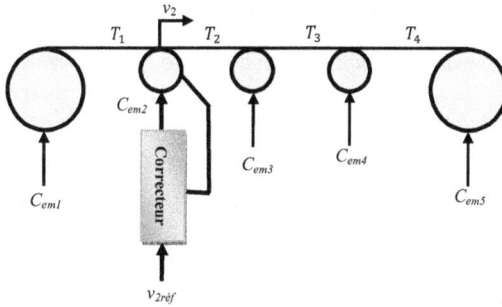

Figure 6.7 Structure de commande générale TCBO appliquée sur le système de bobineuse

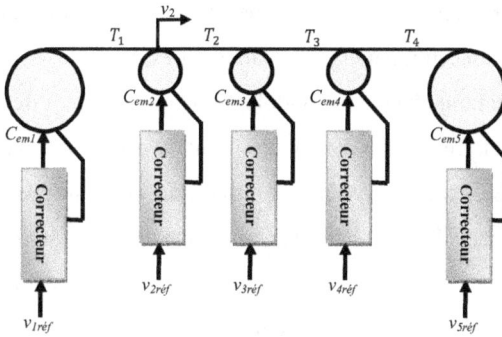

Figure 6.8 Structure de commande générale TVBO appliquée sur le système de bobineuse

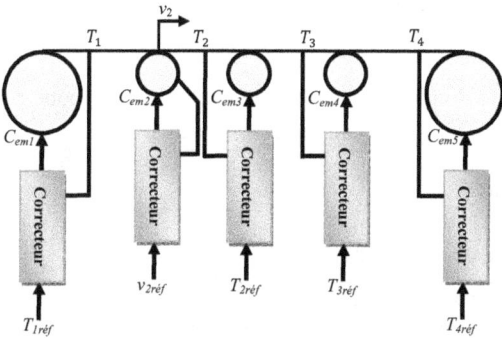

Figure 6.9 Structure de commande générale TCBF appliquée sur le système de bobineuse.

compatible avec l'approche de passivité et de PCHD.

C. Méthodologie de commande tension-couple boucle fermée (TCBF)

Le système de bobineuse sous la commande TCBF est illustré sur la figure 6.9. Cette structure est identique à la structure TCBO avec l'exception de rétroactions des tensions; c'est-à-dire, le couple de moteur appliqué pour la commande de la tension n'est plus constant, mais un résultat de l'action d'un correcteur. Contrairement aux structures en boucle ouverte où les quantités de commande sont directement spécifiées, les structures en boucle fermée exigent la sélection des paramètres de commande. Pour ceci, un modèle convenable dans le but de la conception de la commande est exigé.

Selon l'application, chaque méthodologie de commande a des avantages et des inconvénients. Le tableau 6.1 montre le nombre de capteurs de vitesse et de tension utilisés par un système de transport de bande constitué de *N* moteurs. La majorité des stratégies de commande des systèmes de transport de bande discutées auparavant possèdent de faibles performances en rejet de perturbation et en découplage tension/vitesse de la bande. Par conséquent, un schéma étendu en boucle fermée qui donne une meilleure performance globale sera illustré dans la section suivante.

Tableau 6.1 Nombre de capteurs de vitesse/tension pour différentes structures de commande

Propriété	TCBO	TVBO	TCBF
Nombre de capteurs de vitesse	1	N	1
Nombre de capteurs de tension	0	0	N-1

6.3.3 Amélioration des boucles SISO avec les techniques MIMO: commande cascade

La commande cascade est largement utilisée dans la pratique, car elle offre de nombreux avantages. Tout d'abord, elle permet de répondre simultanément aux objectifs de la commande et aux contraintes de sécurité. Aussi, elle permet de simplifier la conception et le réglage de la commande en décomposant le processus en sous-ensembles simples. La commande cascade est particulièrement utile quand il y a des dynamiques significatives (par exemple, un long délai de temps ou une longue constante de temps) entre la variable manipulée et la variable de procédé.

Une structure cascade est composée de deux (ou plus) boucles imbriquées. La boucle intérieure, appelée *boucle secondaire (boucle esclave),* permet d'asservir la grandeur interne, tandis que la commande de la grandeur de sortie est assuré par la boucle extérieure, appelée *boucle primaire (boucle maître).* Dans beaucoup de cas, une mesure supplémentaire plus rapide de la sortie secondaire est disponible. Ceci est le cas pour les mesures de vitesse dans les systèmes mécaniques (systèmes de bobineuse).

"La meilleure façon pour améliorer les performances en pratique et réduire la sensibilité aux erreurs de modélisation est d'utiliser des capteurs et/ou des actionneurs supplémentaires." [ALB-04].

Cette mesure supplémentaire fournira le rejet de perturbations et de l'erreur de modélisation avant que ses effets ne se manifestent sur le sous-système "lent". De cette façon, l'usage d'un capteur supplémentaire peut fournir une amélioration de performance significative plus que n'importe quelle alternative utilisant seulement un capteur, de même que réduire la sensibilité aux erreurs de modélisation sur le procédé.

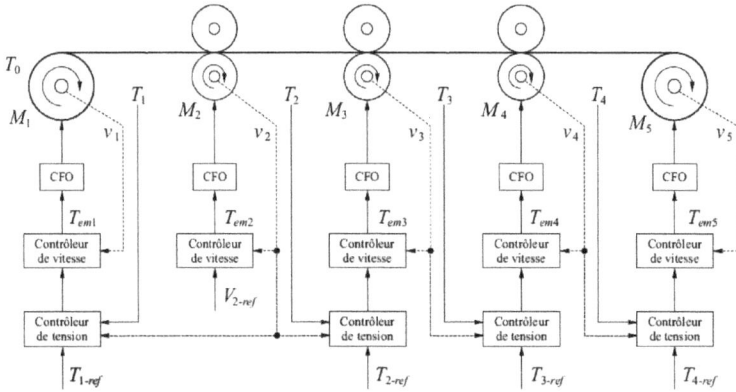

Figure 6.10   Implémentation de correcteur forte autorité.

Considérons le système de transport de bande de la figure 6.4, composé déjà d'un dérouleur, des rouleaux de traction (guides) et d'un enrouleur. Rappelons que l'objectif du correcteur forte autorité est de commander la tension dans les segments de la bande et la vitesse de la bande pour respecter les spécifications de production et de qualité. Supposons que nous souhaitons implémenter la configuration de la commande cascade décentralisée en utilisant la tension comme une mesure primaire et la vitesse qui est disponible comme une mesure secondaire. La variable manipulée est le couple appliqué à chaque moteur. La figure 6.10 présente plus en détail la structure de commande utilisée où nous remarquons que chaque moteur possède son propre correcteur cascade décentralisé "tension/vitesse" (sauf le moteur M_2, contrôlé seulement en vitesse) et son correcteur à flux orienté (CFO). Le correcteur de tension est présent dans la boucle de commande primaire afin de déterminer la vitesse de référence de ce moteur pour obtenir l'effort de tension désiré dans la bande de couplage flexible.

6.3.4 Conception des boucles de commande

Basé sur la discussion mentionnée ci-dessus, le défi est de trouver une configuration de commande qui permet aux correcteurs d'être syntonisés d'une manière indépendante basée sur un minimum d'information du modèle. La figure 6.11 montre la structure de commande cascade appliquée sur les moteurs (excepté M_2). Considérant que la régulation de tension pour notre système de bobineuse est exécutée par une boucle de commande de tension extérieure qui tombe en cascade dans une boucle de vitesse intérieure, les valeurs propres du système qui sont obtenues sans l'inclusion des boucles de vitesse fermées ne sont pas utiles à la conception des régulateurs de tension du système. Plutôt, la conception d'un régulateur de tension d'une seule-entrée, une seule-sortie (SISO) pour la $i^{\text{ème}}$ section dans le système de transport de bande exigera une approximation de la fonction de transfert de la référence de vitesse $(v_{réf})$ aux rétroactions de tension $(T_i$ ou $T_{i+1})$. Pour pouvoir syntoniser les correcteurs d'une manière indépendante, nous devons exiger que les boucles réagissent réciproquement seulement à un degré limité. L'annexe B présente le développement des correcteurs primaires et secondaires.

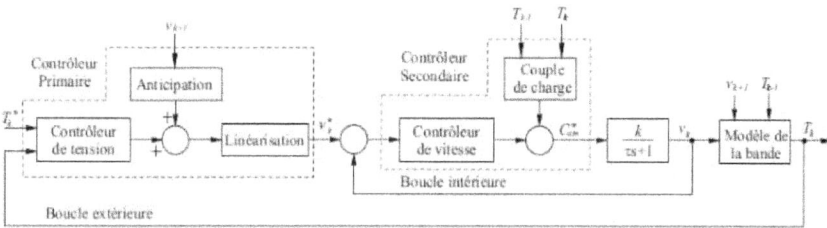

Figure 6.11 Structure de commande cascade appliquée sur les moteurs.

6.4 Résultats de simulation

Les résultats de simulation ont été obtenus dans l'environnement de Matlab-Simulink^{TM} avec un modèle comprenant non seulement le modèle de la bande, mais aussi le modèle des moteurs et de leurs correcteurs basés sur la commande à flux orienté. Le correcteur forte autorité basé les correcteurs de vitesse (PI) et les correcteurs de tension (PI) est utilisé pour implémenter la structure décrite à la figure 6.10; l'effet du correcteur à faible autorité basé sur l'injection des amortissements sera alors évalué.

Pour la simulation, deux types de correcteurs sont présentés :

—Correcteur de référence (Ref.Contr.), qui correspond à une structure de commande avec compensation du couple de charge de la bande. Pour ce correcteur, les amortisseurs (6.15) ne sont pas utilisés, sauf pour b_2. Nous avons inclus ce terme pour fournir une comparaison équitable avec le correcteur proposé, puisque ce terme ralentit le moteur M_2 et réduit donc significativement les perturbations des tensions pendant la phase démarrage.

—Correcteur proposé avec amortissement (Damp.Contr.), qui diffère du correcteur de référence de deux façons : la compensation du couple de charge de la bande n'est pas utilisée et tous les termes d'amortisseurs fictifs sont utilisés. En particulier, deux structures d'implémentation sont étudiées afin d'injecter plus d'amortissement dans le système de bobineuse qui sont: la structure Maître/esclave et la structure croisée donnée respectivement par F_2 et F_3 dans (6.14).

En plus, deux séries de conditions de simulation sont utilisées : *i)* tous les paramètres sont exactement connus; *ii)* la caractéristique physique de la bande représentée par le module de Young E est sous-estimée par un facteur de 2 dans le correcteur, c.-à-d. les gains du correcteur de tension sont deux fois plus grands que ce qui est appelé par la règle de réglage. Cette condition est identifiée sur les figures par *"ES/2"*.

Les figures 6.13-6.17 montrent les résultats de simulation et les réponses des deux types de correcteurs pour une variation de tension établie dans chaque section de la bande de la dernière à la première (figure 6.12), suivie d'une rampe de la vitesse de référence de bande, car plusieurs procédés industriels requièrent un démarrage lent afin d'atteindre graduellement le régime de fonctionnement normal. C'est le cas des machines à papier et machines à textile, par exemple. Une perturbation de couple de l'ordre de 10N·m est appliquée sur le moteur M_1. Les paramètres de la bobineuse et ceux des différents correcteurs sont fournis dans l'annexe D.

Pour les deux séries de simulations, nous observons que le correcteur Damp.Contr présente un couplage légèrement moindre entre les boucles de tension et de vitesse (figure 6.13-6.15). L'amélioration apparaît en qualité d'augmentation d'amortissement des oscillations des réponses. Cependant, les pics ou l'amplitude de dépassement des réponses changent très peu puisque la compensation des transitoires initiales est limitée par les dynamiques des boucles de courant et de vitesse intérieures et que les correcteurs de tension ont les mêmes réglages pour les deux types de correcteurs. D'un autre côté, on observe que pour une valeur sous-estimée du module de Young de la bande (condition *ES/2*), les transitoires des tensions sont plus grandes aux variations des tensions de référence, alors qu'elles sont plus petites aux variations des vitesses de référence– ceci est dû dans ce cas, au fait que les boucles de tension ont une dynamique plus rapide. Le correcteur Damp.Contr réduit l'effet de sous-amortissement associé des boucles de commande de tension. En présence de perturbations du couple de charge (figures 6.16 et 6.17), la réponse des deux structures d'implémentation de commande (la structure couplée et la structure maître-esclave) diffère significativement dans la façon que la perturbation se propage pour affecter les tensions (T_2, T_3 et T_4) dans la structure couplée, pendant qu'il n'y a pas d'effet dans la structure maître-esclave. Le rejet de perturbation de la commande de vitesse imposée au rouleau de vitesse maître a un avantage important de découplage des variations de tension de la bande entre deux étages adjacents. Essentiellement, le rouleau apparaît comme un grand corps d'inertie, de sorte que les perturbations de tension aient comme conséquence peu de déviation de vitesse. Par conséquent, la perturbation résultante de tension dans les étages adjacents est réduite.

Dans les simulations que nous avons faites, nous avons remarqué que ralentir le moteur M_2 commandé en vitesse avec le terme d'amortissement b_2, est le facteur dominant afin de réduire l'effet transitoire de vitesse sur les tensions. L'absence de ce terme sur le moteur M_2 a un petit effet dans la structure couplée. Par contre, ce terme est très important dans la structure maître-esclave pendant la période de démarrage en rampe de la vitesse. On note que pour $b_2 = 0$, la condition (6.17) n'est pas satisfaite; cependant, cette condition est suffisante et non nécessaire pour la stabilité. En particulier, on considère que les correcteurs de vitesse PI injectent de l'amortissement dans le système. Pour comparer quantitativement les réponses des correcteurs, l'indice de performance de l'intégral du carré de l'erreur (ISE) est utilisé pour les paramètres exacts et sous-estimation de (*ES*).

Les valeurs de l'indice (ISE) pour les erreurs de tension de chaque segment sont données dans le tableau. 6.2 (ISE est évalué sur t= 0—2s pour une variation de la tension de référence), le tableau. 6.3 (ISE est évalué sur t= 2.2—4.2s pour une variation en rampe de la vitesse) et dans le tableau 6.4 (ISE est évalué sur t= 4.8—7s en présence d'une perturbation de couple sur le moteur "M_1"). Les résultats révèlent que le correcteur proposé (Damp.contr.Maître-esclave) présente une performance sur les boucles de tension et une robustesse sur la variation du module d'élasticité légèrement mieux que les correcteurs de référence (Ref.Contr) et le correcteur (Damp.Contr. Croisé).

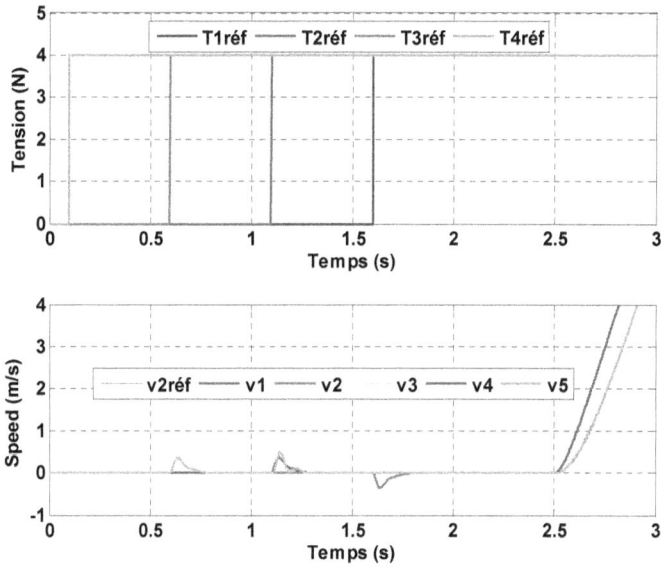

Figure 6.12 Tension et vitesse de référence et les réponses de vitesse avec le correcteur de référence.

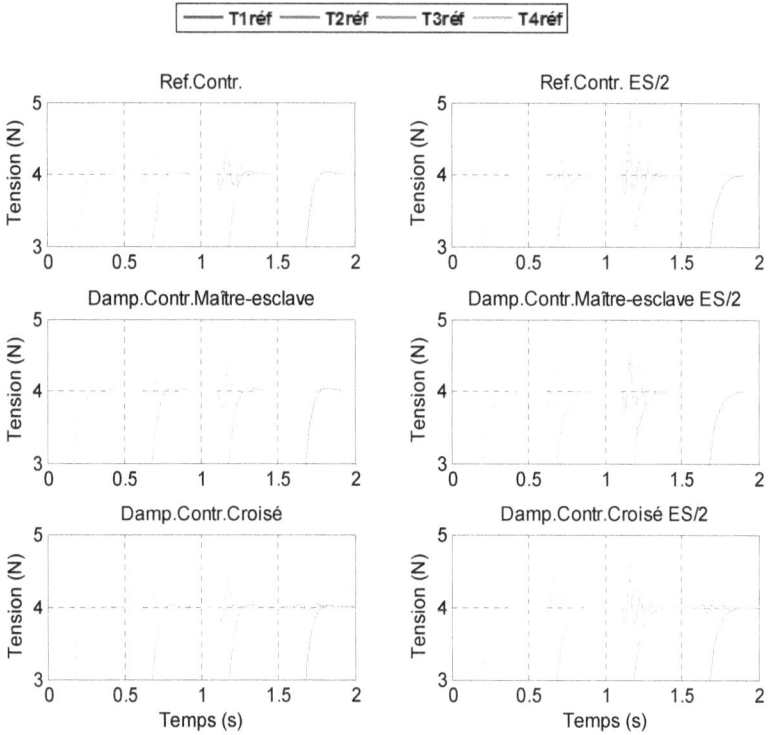

Figure 6.13 Réponses de tension (phase de démarrage) aux références de tension pour les trois correcteurs, avec paramètres exacts et sous-estimation de $E \cdot S$.

Tableau 6.2 Indices de performance (ISE) des erreurs de tension $\Delta T_1, \Delta T_2, \Delta T_3$ et ΔT_4 pour paramètres exacts et sous-estimation de ES entre [0-2]s

	Paramètres exacts "ES"				Sous-estimation de "ES"			
	ΔT_1	ΔT_2	ΔT_3	ΔT_4	ΔT_1	ΔT_2	ΔT_3	ΔT_4
Ref.Contr	0.477	0.148	3.199	8.796	2.146	0.668	6.797	34.07
Damp.Contr. Maître- esclave	**0.326**	**0.120**	**2.720**	**6.093**	**2.013**	**0.584**	**4.589**	**15.13**
Damp.Contr. Croisé	0.354	0.292	3.028	6.809	2.268	0.857	4.928	16.27

152

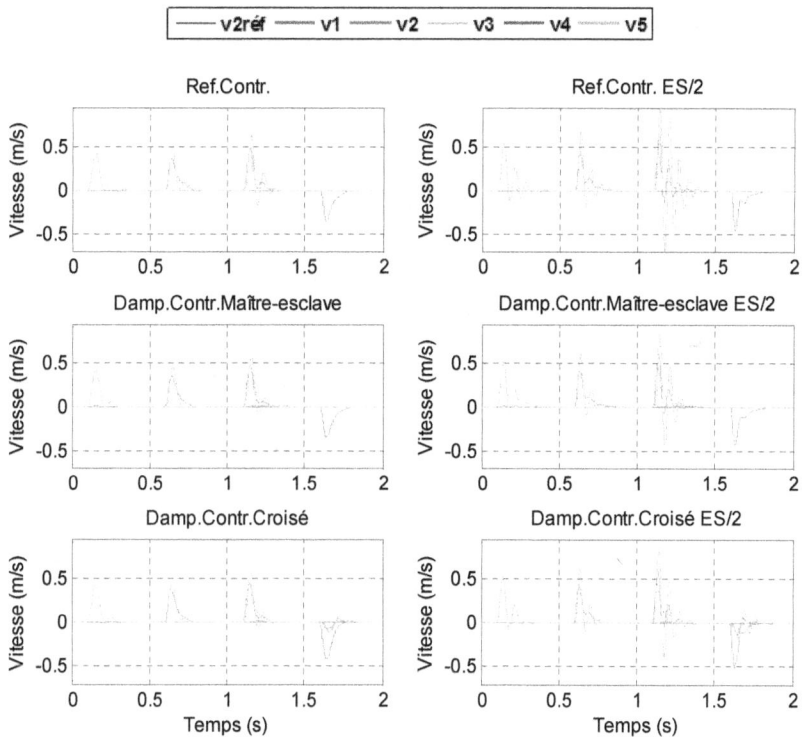

Figure 6.14 Réponses de vitesse (régime permanent) aux références de tension pour les trois correcteurs, avec paramètres exacts et sous-estimation de $E \cdot S$.

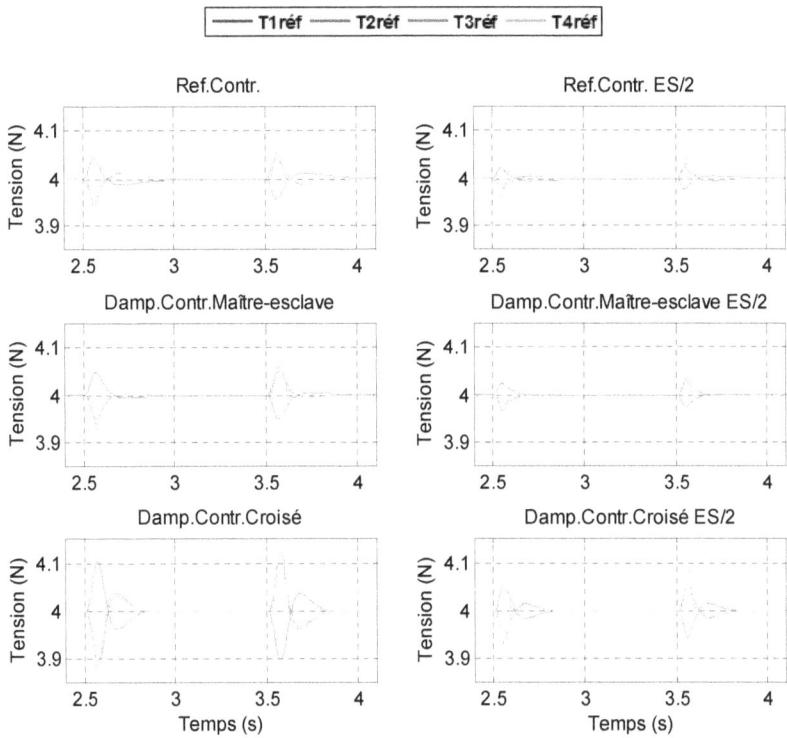

Figure.6.15 Réponses de tension durant la phase de démarrage pour les trois correcteurs, avec paramètres exacts et sous-estimation de $E \cdot S$.

Tableau 6.3 Indices de performance (ISE) des erreurs de tension $\Delta T_1, \Delta T_2, \Delta T_3$ et ΔT_4 pour paramètres exacts et sous-estimation de ES entre [2.2-4.2]s

	Paramètres exacts "ES"				Sous-estimation de "ES"			
	ΔT_1	ΔT_2	ΔT_3	ΔT_4	ΔT_1	ΔT_2	ΔT_3	ΔT_4
Ref.Contr	0.139	0.141	0.166	0.209	0.032	0.062	0.039	0.062
Damp.Contr. Maître-esclave	**0.112**	**0.113**	**0.132**	**0.181**	**0.026**	**0.033**	**0.031**	**0.057**
Damp.Contr. Croisé	0.648	0.657	0.782	0.996	0.144	0.146	0.169	0.228

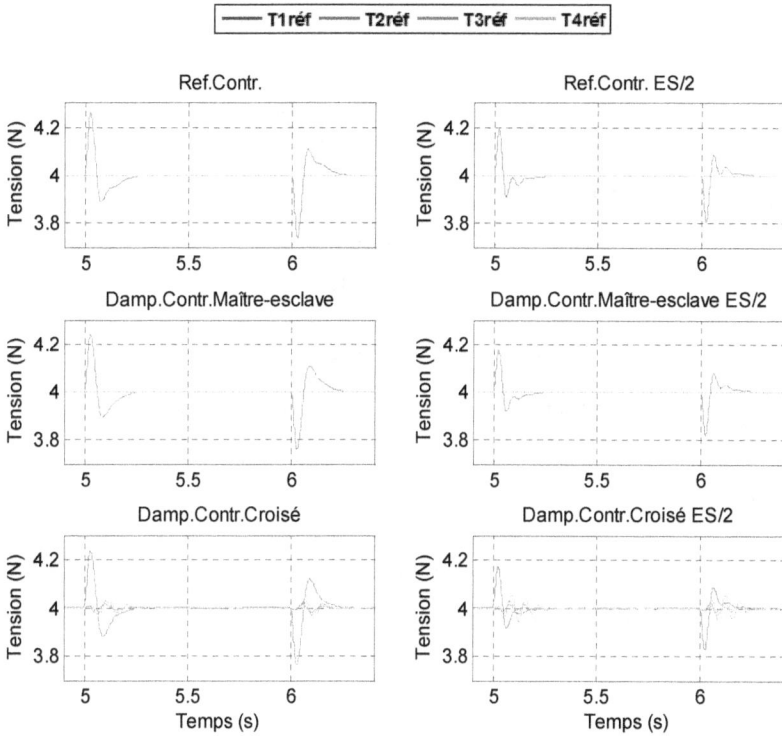

Figure.6.16 Réponses de tension à une perturbation de couple de charge appliquée sur le moteur M_1, avec paramètres exacts et sous-estimation de $E \cdot S$.

Tableau 6.4 Indices de performance (ISE) des erreurs de tension $\Delta T_1, \Delta T_2, \Delta T_3$ et ΔT_4 pour paramètres exacts et sous-estimation de ES entre [4.8-7]s

	Paramètres exacts "ES"				Sous-estimation de "ES"			
	ΔT_1	ΔT_2	ΔT_3	ΔT_4	ΔT_1	ΔT_2	ΔT_3	ΔT_4
Ref.Contr	0.790	0	0	0	2.000	0	0	0
Damp.Contr. Maître-esclave	**0.731**	0	0	0	**1.934**	0	0	0
Damp.Contr. Croisé	0.749	0.010	0.037	0.153	2.021	0.016	0.039	0.096

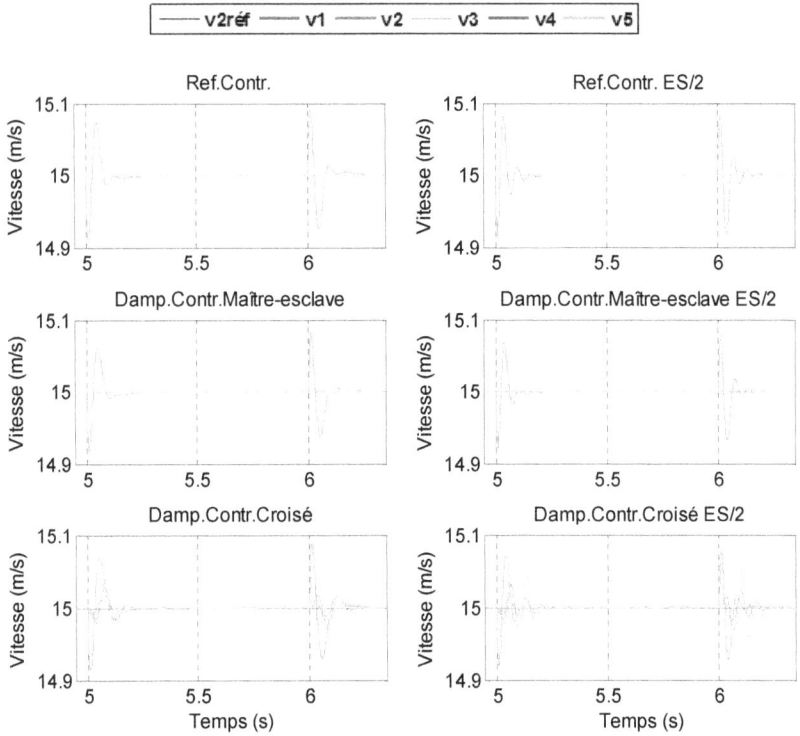

Figure 6.17 Réponses de vitesse à une perturbation de couple de charge appliquée sur le moteur M_1, avec paramètres exacts et sous-estimation de $E \cdot S$.

6.5 Amélioration des performances et rejet de perturbations

6.5.1 Application de la commande de rejet de perturbation active (CRPA) aux boucles de vitesse

Les figures (6.13)-(6.17) montrent que la dynamique de tension est très sensible aux variations de la vitesse à cause du couplage. Cependant, la commande des boucles internes de vitesse des correcteurs forte autorité de la figure 6.10 est la clef pour un bon contrôle de la boucle de tension.

Si la robustesse de la stabilité est assurée, il reste à trouver une solution afin d'améliorer les performances de la réponse des tensions qui présentent des oscillations dues aux variations des paramètres du procédé (module de Young, inerties,···), et aux perturbations causées par exemple par la variation du couple de charge, la variation de la consigne de tension et de vitesse. La nouvelle structure de commande ne devrait pas améliorer seulement les performances, mais elle devrait être aussi simple à concevoir, à implémenter et à régler.

Une piste connue pour sa commande efficace de réjection de perturbations, est la commande de rejet de perturbation active (CRPA) proposée par Han [HAN-95] et simplifiée par [GAO-01][GAO-03]. Elle permet de découpler la commande en traitant toutes les dynamiques couplées inconnues comme étant un terme généralisé $f(\cdot)$ qu'elle annule en temps réel à l'aide d'un observateur d'état étendu (OEE) sans la nécessité d'un modèle explicite des perturbations et des dynamiques inconnues. [ZHO-09] a montré analytiquement comment utiliser la théorie des perturbations singulières [KOK-86] pour obtenir une condition suffisante de la stabilité exponentielle du système en boucle fermée de la commande de rejet de perturbation active (CRPA) pour un système non-linéaire variant dans le temps.

La méthode de CRPA, à cause de sa robustesse et de ses capacités de rejet de perturbation, est notamment convenable pour les applications de régulation de la tension dans les systèmes de transport de bande. Dans ce cas, on propose d'appliquer la commande CRPA au niveau des boucles de vitesse en traitant la dynamique de la tension de couplage comme étant des perturbations, c'est de cette façon que la dynamique de tension est découplée des boucles de vitesse.

Afin d'appliquer la commande CRPA à la commande des boucles de vitesse, les équations de vitesse des 5 moteurs de la bobineuse décrites dans (6.1) sont récrites sous la forme (6.18).

$$\dot{v}(t) = f(\cdot) + bu \qquad\qquad (6.18)$$

avec

$$f(\cdot) = \begin{pmatrix} \frac{1}{J_1}[r_1^2 T_1 - f_1 v_1] \\ \frac{1}{J_2}[r_2^2(T_2 - T_1) - f_2 v_2] \\ \frac{1}{J_3}[r_3^2(T_3 - T_2) - f_3 v_3] \\ \frac{1}{J_4}[r_4^2(T_4 - T_3) - f_4 v_4] \\ \frac{1}{J_5}[-r_5^2 T_4 - f_5 v_5] \end{pmatrix}, \quad v = \begin{pmatrix} v_1 \\ v_2 \\ v_3 \\ v_4 \\ v_5 \end{pmatrix}, \quad b = \begin{pmatrix} r_1/J_1 \\ r_2/J_2 \\ r_3/J_3 \\ r_4/J_4 \\ r_5/J_5 \end{pmatrix}$$

$f(\cdot)$ représente les effets de la dynamique interne, u est le signal de commande, alors que b a une valeur connue. De (6.18), on peut constater que c'est exactement le format du problème de la commande CRPA du premier-ordre présenté ci-dessous. Par la suite, on passe à la conception d'un observateur d'état étendu du deuxième-ordre afin de concevoir le correcteur CRPA.

Mettant (6.18) sous une forme d'espace d'état :

$$\begin{cases} \dot{x}_1 = x_2 + bu \\ \dot{x}_2 = \eta \\ y = x_1 \end{cases} \qquad\qquad (6.19)$$

où : $x_1 = v$, avec $x_2 = f(\cdot)$ est ajouté comme un état supplémentaire, et $\eta = \dot{f}(\cdot)$ est une perturbation inconnue. La raison d'augmenter l'ordre du système est de mettre $f(\cdot)$ comme un état tel qu'un observateur d'état peut être utilisé pour l'estimer. Néanmoins, le modèle (6.19) permet d'estimer $f(\cdot)$ en utilisant l'observateur d'état étendu construit comme suit :

$$\begin{cases} \dot{z}_1 = z_2 + \beta_1 \mathbf{fal}(y - z_1, \alpha_1, \delta_1) + bu \\ \dot{z}_2 = \beta_2 \mathbf{fal}(y - z_1, \alpha_2, \delta_2) \end{cases} \tag{6.20}$$

où : β_1, β_2 sont les gains de l'observateur, et $\mathbf{fal}(\cdot)$ est défini par :

$$\mathbf{fal}(e, \alpha, \delta) = \begin{cases} |e|^\alpha \, \mathbf{sign}\,(e), & |e| > \delta, \quad \delta > 0 \\ \frac{e}{\delta^{1-\alpha}} & |e| \leq \delta \end{cases} \tag{6.21}$$

La fonction $\mathbf{fal}(e, \alpha, \delta)$ donnée par (6.21) est choisie non linéaire pour rendre l'observateur plus efficace. Intuitivement, c'est une fonction non linéaire de gain où les petites erreurs correspondent aux valeurs de gains supérieures. Cette technique est largement utilisée dans les applications industrielles. La figure. 6.18 montre les caractéristiques de cette fonction. Quand $e < |\delta|$, une relation linéaire est ainsi efficacement utilisée. Donc, la fonction $\mathbf{fal}(e, \alpha, \delta)$ peut fournir une action de commande plus lisse quand e est près de zéro. Les paramètres $\alpha \in [0,1]$ et δ sont constants et empiriquement choisis.

L'architecture de la structure de commande CRPA est illustrée sur la figure 6.19. Elle est composée d'un observateur OEE décrit dans (6.20), et d'une loi de commande définie par

$$u(t) = u_0(t) - z_2(t)/b \tag{6.22}$$

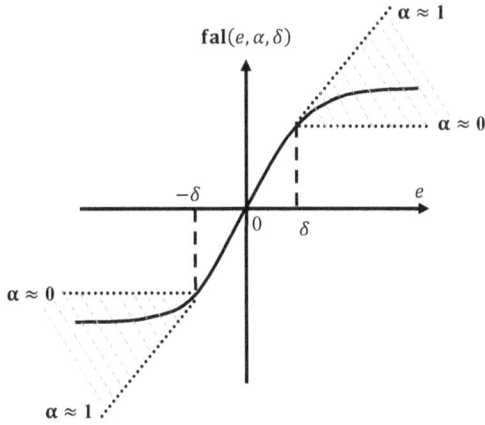

Figure. 6.18 Caractéristique de la fonction $\mathbf{fal}(e,\alpha,\delta)$

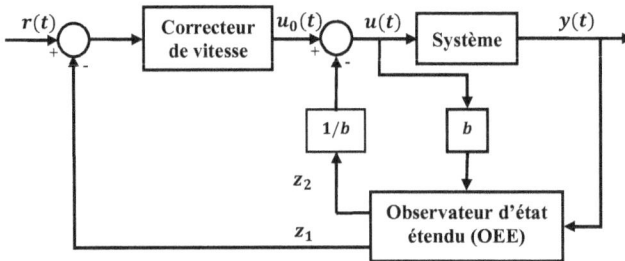

Figure. 6.19 Commande de rejet de perturbation active (CRPA) appliquée
à la boucle de vitesse.

6.5.2 Résultats de simulation

Pour illustrer l'efficacité et la validité d'application du correcteur forte
autorité, une comparaison est effectuée entre un correcteur PI standard et la
commande de rejection des perturbations actives "CRPA" appliquée au niveau
des boucles intérieures de vitesse, tandis que les boucles de courant et de
tension utilisent les mêmes correcteurs PI. Cette comparaison est réalisée

sous les conditions suivantes : *i)* tous les paramètres sont exactement connus; *ii)* le module de Young E est sous-estimé par un facteur de 2 dans le correcteur; *iii)* les inerties totales J_1 et J_5 vues respectivement par le moteur M_1 et M_5, sont surestimées par un facteur de 2.

Les résultats de simulation sont montrés sur les figures 6.20 et 6.21 avec les mêmes conditions de simulation que le cas précédent. Dans le cas de correcteur PI standard, nous observons que les réponses transitoires des différentes tensions se détériorent significativement surtout pour les conditions $ES/2$, $2J_1$ et $2J_5$ qui causent de grandes oscillations pendant les réponses transitoires (à gauche des figures 6.21— 6.23). Cependant, le correcteur CRPA fournit une plus haute qualité de commande en présentant moins de couplage entre les tensions et les vitesses. L'amélioration apparaît significativement par le rejet des oscillations dans la réponse et la présentation d'un temps de stabilisation court après la présence d'une perturbation (à droite des figures 6.20 — 6.23). De plus, le système expose beaucoup plus de robustesse par rapport aux variations du module de Young de la bande et aux variations d'inerties des moteurs pendant le processus de rembobinage.

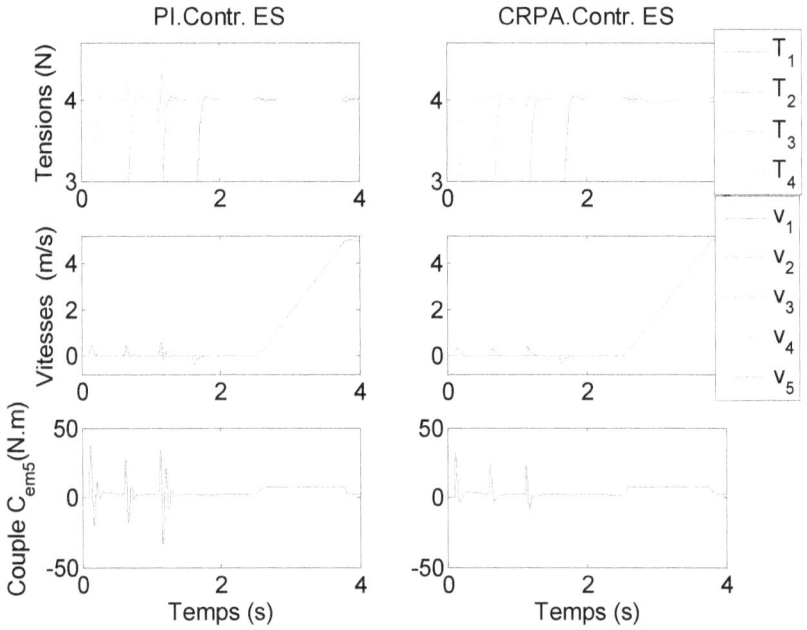

Figure. 6.20 Réponses des tensions, vitesses et le couple C_{em5} pour le correcteur PI (gauche) et CRPA (droite) avec les paramètres exacts.

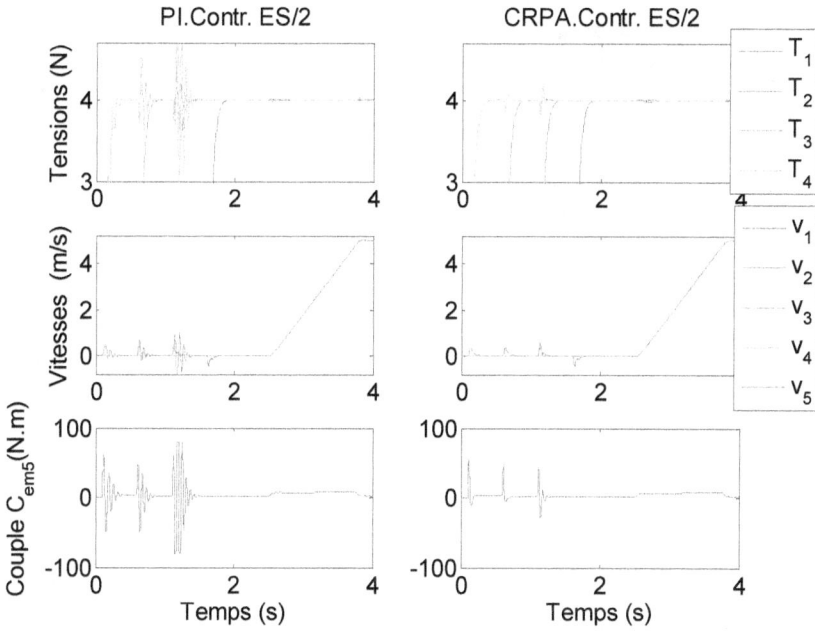

Figure. 6.21 Réponses des tensions, vitesses et le couple C_{em5} pour le correcteur PI (gauche) et CRPA (droite) avec sous-estimation de *ES*.

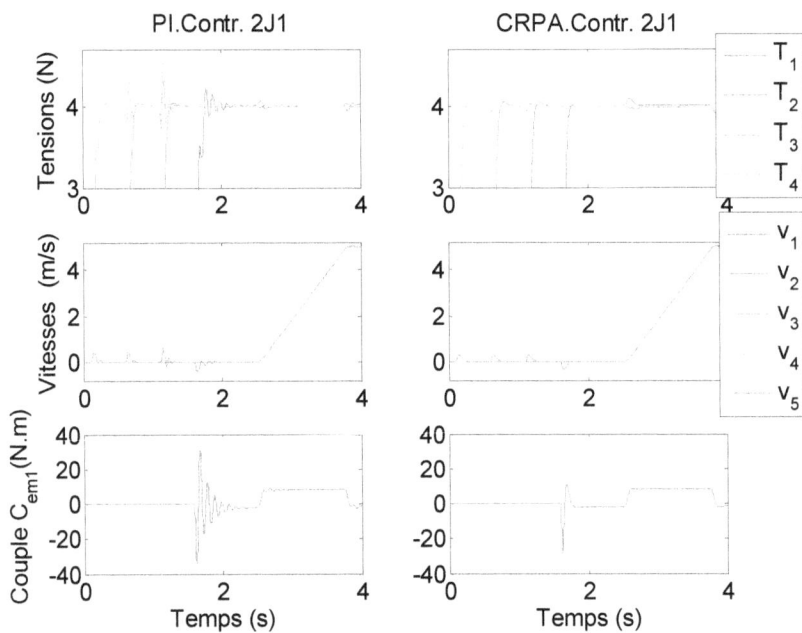

Figure. 6.22 Réponses des tensions, vitesses et le couple C_{em1} pour le correcteur PI (gauche) et CRPA (droite) avec surestimation de I_1.

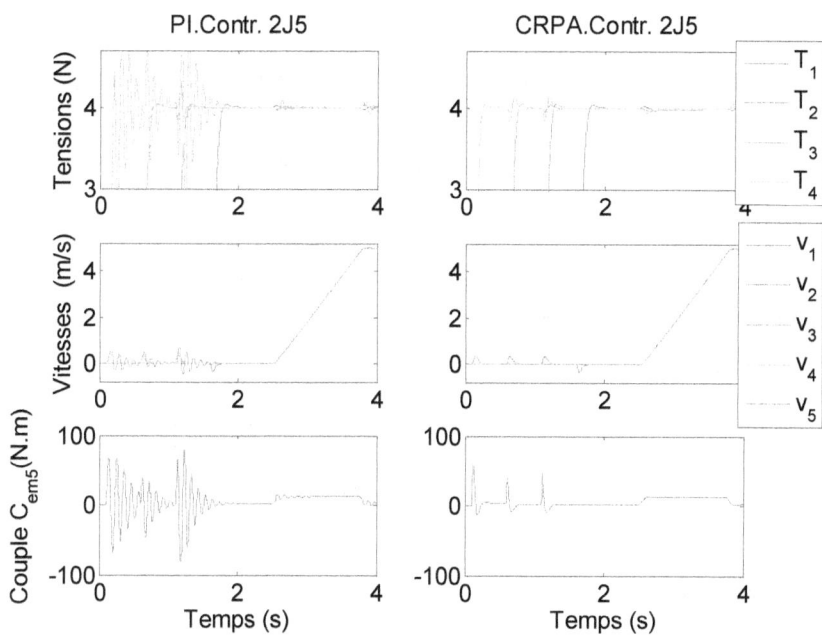

Figure. 6.23 Réponses des tensions, vitesses et le couple C_{em5} pour le correcteur PI (gauche) et CRPA (droite) avec surestimation de J_5.

Tableau 6.5 calcul l'indice de performance (ISE) pour les erreurs de tension de chaque segment pour les paramètres exacts et sous-estimation de (ES), J_1 et de J_5. Les résultats montrent et confirment la supériorité de (CRPA. Contr) en rejet de perturbation et aux variations de paramètres du modèle par rapport à (PI. Contr).

Tableau 6.5 Indice de performance (ISE) de l'erreur de tension pour les paramètres exacts et sous-estimation de ES, J_1 et J_5 entre [0-3]s

	Paramètres exacts		Sous-estimation de "ES"		Sous-estimation de "J_1"		Sous-estimation de "J_5"	
	ΔT_3	ΔT_4	ΔT_3	ΔT_4	ΔT_1	ΔT_4	ΔT_3	ΔT_4
PI. Contr	3.179	6.303	7.073	34.325	1.338	4.128	1.250	72
CRPA. Contr	**0.273**	**0.451**	**0.773**	**1.029**	**0.565**	**0.232**	**0.262**	**0.999**

6.6 Conclusion

Dans ce chapitre, on a proposé une structure de commande qui consiste en la hiérarchisation de la commande. Un niveau supérieur est réalisé à l'aide d'une structure de commande faible autorité basée sur la représentation PCHD dont le but est de limiter les effets vibratoires et de résonances rencontrées dans cette industrie. D'abord, le modèle approximatif moyen proposé dans le chapitre 2 est utilisé afin de représenter le modèle global de la bobineuse sous une forme PCHD. L'idée principale pour assurer la stabilité globale de la bobineuse est d'introduire et d'injecter des amortissements supplémentaires dans la structure en utilisant la rétroaction de sortie. Le choix du gain de la matrice de rétroaction de sortie est défini en résolvant les problèmes 6.3 et 6.4

par l'utilisation de LMI itérative. Le placement des amortisseurs virtuels est réalisé en proposant trois structures : *structure diagonale, structure maître-esclave, structure croisée.*

Par contre, le niveau inférieur qui assure l'essentiel des performances, c.-à-d., commander à la fois la vitesse de la bande et la tension dans les différents segments de bande, est réalisé par une commande décentralisée basée sur la passivité de forte autorité. Finalement et afin d'améliorer les performances et le rejet de perturbations dans la bobineuse, on a proposé d'appliquer la commande de rejet de perturbation active au niveau des boucles de vitesses permettant le découplage de la dynamique de tension des boucles de vitesse en traitant la dynamique de la tension de couplage comme étant des perturbations.

Chapitre 7—Expérimentation temps réel d'un
système électrique à l'aide de la plateforme RT-LAB

Le but de ce chapitre est d'implémenter les stratégies de commande développées au chapitre précédent dans un environnement d'émulation en temps réel. La validation expérimentale sous la plateforme de simulation et de commande temps réel RT-LAB® est appliquée en premier lieu au système composé de deux machines asynchrones triphasées à cage branchées au même bus cc, et couplées à l'aide de deux autres machines à courant continu liées électriquement par une inductance. Ensuite, elle sera généralisée pour un système multimoteur composé de trois et quatre machines triphasées branchées de la même façon. Ces systèmes reproduisent la structure d'une bobineuse.

7.1 Introduction

L'émulation en temps réel avec intégration de matériel dans la boucle est un moyen largement utilisé dans les applications telles que l'industrie automobile, aérospatiale et électronique, ce qui est extrêmement utile dans la phase de prototypage, permettant une réduction significative des coûts et des délais de recherche et de conception. Pour la simulation en temps réel, deux applications majeures ont émergé : le prototypage rapide de correcteurs et le matériel dans la boucle ("*Hardware In the Loop*", *HIL* en anglais). Dans le cadre du prototypage rapide, le correcteur est premièrement modélisé dans Simulink et le modèle est alors compilé pour être exécuté sur un système de cible spécifié. Dans ce cas, le correcteur est exécuté par l'ordinateur (voir Fig. 7.1). Cette application permet d'observer le fonctionnement du procédé sous supervision et de vérifier l'algorithme de commande avec les paramètres réels du procédé. La méthode de simulation "*HIL*" est typiquement utilisée pour tester le fonctionnement du correcteur réel sur le modèle du procédé.

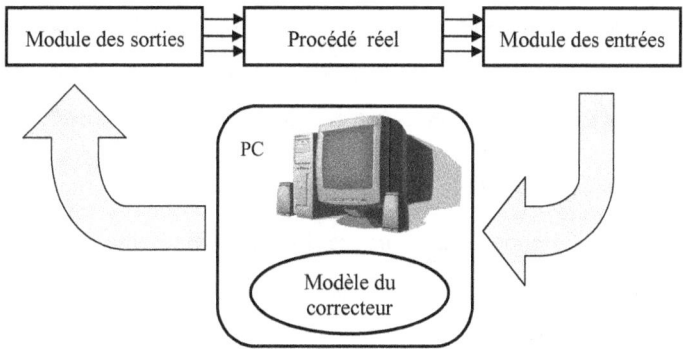

Figure 7.1 Structure expérimentale de validation de l'algorithme de commande.

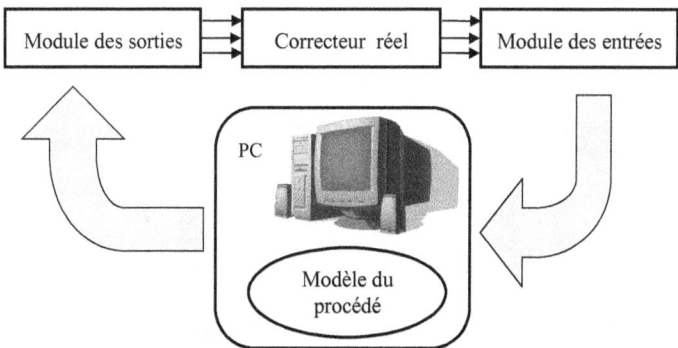

Figure 7.2 Structure expérimental avec matériel dans la boucle (*HIL*).

Cette méthode utilise l'ordinateur muni de cartes E/S pour simuler le procédé (voir Fig. 7.2).

RT-LAB est une plateforme de logiciels de premier plan pour la simulation répartie en temps réel et les tests de commande électronique, y compris le prototypage rapide des systèmes de commande et de simulation en boucle fermée. Donc l'outil de simulation et de commande en temps réel RT-LAB (Annexe C), qui permet d'exécuter à grande vitesse des designs et des tests de systèmes dynamiques conçus à l'aide de MATLAB/Simulink, est utilisé dans ce travail pour la commande d'un système multimoteur équivalent au transport de bande monté au sein du laboratoire, utilisant un couplage électrique réalisé par une inductance au lieu d'un couplage mécanique (la bande flexible).

7.2 Système élémentaire avec couplage électrique par inductance

La figure 7.3 montre la structure la plus élémentaire d'un système multimoteur équivalent composé de 2 machines asynchrones (MAS) branchées au même bus cc et couplées avec 2 machines à courant continu (MCC) avec un couplage inductif [CAR-08]. Cette structure correspond à l'analogie force-courant ($F \approx I$) où le couplage mécanique flexible représenté par la bande dans la bobineuse est l'analogue d'un couplage électrique inductif. Dans ce cas, chaque segment de bande à transporter est remplacé par deux machines à courant continu MCC_1 et MCC_2, qui sont reliées électriquement par une inductance, et entraînées mécaniquement par les deux machines asynchrones M_1 et M_2. Dans ce cas, la commande de la tension mécanique du système de bobineuse présentée précédemment est remplacée par une commande de courant du lien électrique inductif des machines MCC.

7.2.1 Correcteur faible autorité basé sur la représentation PCHD

Afin de définir la structure de commande à faible autorité basée sur la

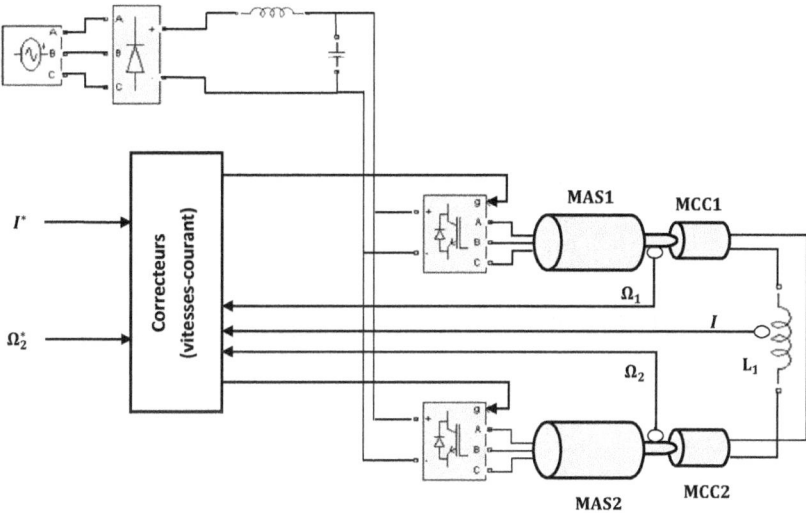

Figure 7.3 Cellule élémentaire avec couplage inductif composée de 2 paires de machines MAS-MCC.

représentation PCHD qui permet de réduire les vibrations dans la structure, il est primordial de définir la dynamique de la cellule (figure 7.3), composée des équations : du courant du lien inductif ainsi que de la vitesse des deux machines.

— **Dynamique du système équivalent**

➢ *Dynamique du courant traversant le lien inductif*

La figure 7.4 représente le circuit électrique équivalent du système de la figure 7.3. La dynamique de ce circuit électrique en fonction des paramètres des machines est donnée par :

$$L_{Tot} \frac{dI}{dt} = -(R + R_{a1} + R_{a2})I + E_{g1} - E_{g2} \tag{7.1}$$

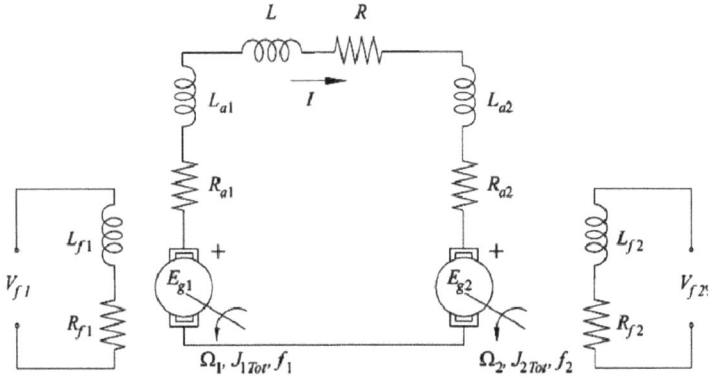

Figure 7.4 Circuit électrique équivalent de la cellule élémentaire avec couplage inductif.

L'équation dynamique du courant (7.1) peut être réécrite en fonction de la vitesse des deux machines :

$$L_{Tot}\frac{dI}{dt} = -(R + R_{a1} + R_{a2})I + K_{e1}\Omega_1 - K_{e2}\Omega_2 \qquad (7.2)$$

où : $L_{Tot} = L + L_{a1} + L_{a2}$, $E_{g1} = K_{e1}\Omega_1$ et $E_{g2} = K_{e2}\Omega_2$ avec la supposition que les machines MCC tournent à la même vitesse que les machines MAS.

> ➢ *Dynamique de la vitesse des machines MAS*

Les équations dynamiques de chaque moteur MAS sont données par :

$$J_{1Tot}\frac{d\Omega_1}{dt} = -f_1\Omega_1 - K_{e1}I + C_{em1}$$

$$J_{2Tot}\frac{d\Omega_2}{dt} = -f_2\Omega_2 + K_{e2}I + C_{em2} \qquad (7.3)$$

$J_{iTot} = J_{iMAS} + J_{iMCC}$ est l'inertie totale vue par la machine asynchrone MAS$_i$.

— **Représentation PCHD**

Les équations (7.2) et (7.3) peuvent être formulées comme un système PCHD (7.4) en utilisant les coordonnés locales pour x.

$$\dot{x} = [\mathbf{J} - \mathbf{R}]\frac{\partial H(x)}{\partial x} + gU \qquad (7.4)$$

avec :

$$x = [J_{1Tot}\Omega_1 \quad L_{Tot}I \quad J_{2Tot}\Omega_2];$$

$$\frac{\partial H}{\partial x} = [\Omega_1 \quad I \quad \Omega_2]^T;$$

$$U = [C_{em1} \quad C_{em2}]^T;$$

$$\mathbf{J} = \begin{bmatrix} 0 & -K_{e1} & 0 \\ K_{e1} & 0 & -K_{e2} \\ 0 & K_{e2} & 0 \end{bmatrix}; \quad \mathbf{R} = \begin{bmatrix} f_1 & 0 & 0 \\ 0 & (R + R_{a1} + R_{a2}) & 0 \\ 0 & 0 & f_2 \end{bmatrix}; \quad g = \begin{bmatrix} 1 & 0 \\ 0 & 0 \\ 0 & 1 \end{bmatrix};$$

On remarque que la matrice de connexion $\mathbf{J}$ est antisymétrique, alors que la matrice d'amortissement $\mathbf{R}$ (contenant des éléments purement résistifs; résistances et coefficients de friction) est symétrique définie positive.

Dans ce cas, la sortie y du système représenté par (7.4) est donnée par:

$$y = g^T \frac{\partial H(x)}{\partial x} = [\Omega_1 \quad \Omega_2]^T \qquad (7.5)$$

La fonction Hamiltonienne $H(x)$ de ce système est donnée par :

$$H(x) = \frac{1}{2}\sum_{i=1}^{2} J_{iTot}\Omega_i^2 + \frac{1}{2}L_{Tot}I^2 \quad \text{avec} \quad L_{Tot} = L + L_{a1} + L_{a2} \qquad (7.6)$$

7.2.2 Correcteur forte autorité basé sur la commande décentralisée passive

Dans cette section, le correcteur forte autorité basé sur la commande cascade décentralisée est réalisé dans le but de commander le courant du lien inductif et la vitesse de la machine maître. On remarque qu'il y'a une certaine analogie entre la dynamique du courant I traversant le lien inductif donnée par

(7.2) et la tension mécanique de la bande représentée par (2.13). De la même façon, on peut définir le correcteur de vitesse et le correcteur de courant selon la procédure de conception détaillée dans l'annexe B. Similairement, on peut déduire la structure de commande (figure 7.5) qui génère une vitesse de consigne $\Omega_2{}^*$ pour la machine MAS$_2$ qui permet de commander le courant qui traverse le lien inductif.

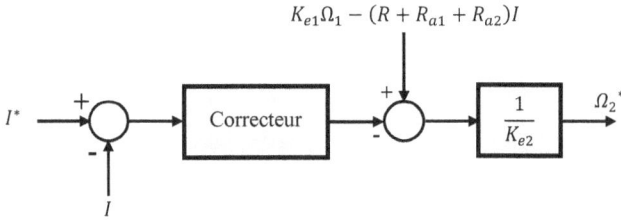

Figure 7.5 Structure du correcteur de courant.

7.3 Système multimoteur composé de 3 paires de machines MAS-MCC

7.3.1 Correcteur faible autorité basé sur la représentation PCHD

— **Dynamique du système équivalent**

➢ *Dynamique du courant traversant le lien inductif*

La dynamique de courant qui circule dans le circuit électrique équivalent composé de 3 machines avec couplage inductif de la figure 7.6, est donnée par (7.7).

$$(L_1 + L_{a1} + L_{a2})\frac{dI_{12}}{dt} - L_{a2}\frac{dI_{23}}{dt} + (R_1 + R_{a1} + R_{a2})I_{12} - R_{a2}I_{23} +$$
$$Eg_2 - Eg_1 = 0$$

$$(7.7)$$

$$-L_{a2}\frac{dI_{12}}{dt} + (L_2 + L_{a2} + L_{a3})\frac{dI_{23}}{dt} - R_{a2}I_{12} + (R_2 + R_{a2} + R_{a3})I_{23} +$$
$$Eg_3 - Eg_2 = 0$$

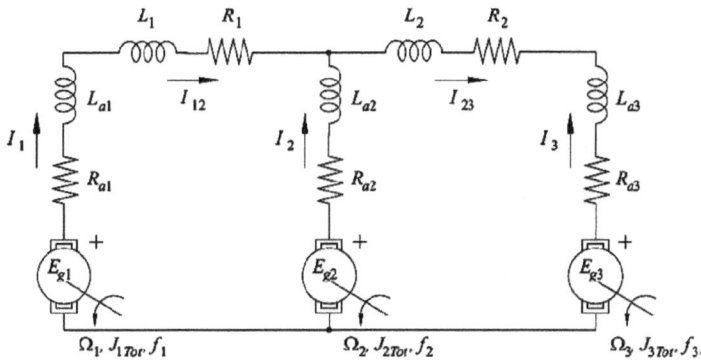

Figure 7.6 Circuit électrique équivalent d'un système composé de 3 paires de machine avec couplage électrique par inductance.

Le réarrangement de ce système d'équations en utilisant le calcul symbolique de Matlab est donné par :

$$\nabla \frac{dI_{12}}{dt} = A_{11}I_{12} + A_{12}I_{23} + D_{11}Eg_1 + D_{12}Eg_2 + D_{13}Eg_3$$

$$\nabla \frac{dI_{23}}{dt} = A_{21}I_{23} + A_{22}I_{12} + D_{21}Eg_1 + D_{22}Eg_2 + D_{23}Eg_3$$

(7.8)

Dont les différentes variables $(\nabla, A_{ij}, C_i, D_{ij})$ sont données comme suit :

$$A_{11} = -(R_1 + R_{a_1} + R_{a_2})(L_2 + L_{a_2} + L_{a_3}) + R_{a_2}L_{a_2}$$

$$A_{12} = -L_{a_2}(R_2 + R_{a_2} + R_{a_3}) + R_{a_2}(L_2 + L_{a_2} + L_{a_3})$$

$$D_{11} = L_2 + L_{a_2} + L_{a_3}$$

$$D_{12} = -(L_2 + L_{a_3})$$

$$D_{13} = -L_{a_2}$$

$$A_{21} = -L_{a_2}(R_1 + R_{a_1} + R_{a_2}) + R_{a_2}(L_1 + L_{a_1} + L_{a_2})$$

$$A_{22} = -(R_2 + R_{a_2} + R_{a_3})(L_1 + L_{a_1} + L_{a_2}) + R_{a_2}L_{a_2}$$

$$D_{21} = L_{a_2}$$

$$D_{22} = L_1 + L_{a_1}$$

$$D_{23} = -(L_1 + L_{a_1} + L_{a_2})$$

$$\nabla = (L_1 + L_{a_1} + L_{a_2})(L_2 + L_{a_2} + L_{a_3}) - L_{a_2}^2$$

> ➢ *Dynamique de la vitesse des machines MAS*

$$J_{1Tot}\frac{d\Omega_1}{dt} = -f_1\Omega_1 - K_{e1}I_{12} + C_{em1}$$

$$J_{2Tot}\frac{d\Omega_2}{dt} = -f_2\Omega_2 - K_{e2}(I_{23} - I_{12}) + C_{em2} \tag{7.9}$$

$$J_{3Tot}\frac{d\Omega_3}{dt} = -f_3\Omega_3 + K_{e3}I_{23} + C_{em3}$$

— *Représentation PCHD*

Réécrivant les équations de courant et de vitesse qui représentent le système sous une forme matricielle permet d'avoir :

$$\underbrace{\begin{bmatrix} J_{1Tot}\dot{\Omega}_1 \\ \nabla \dot{I}_{12} \\ J_{2Tot}\dot{\Omega}_2 \\ \nabla \dot{I}_{23} \\ J_{3Tot}\dot{\Omega}_3 \end{bmatrix}}_{\dot{x}} = \underbrace{\begin{bmatrix} -f_1 & -K_{e1} & 0 & 0 & 0 \\ D_{11}K_{e1} & A_{11} & D_{12}K_{e2} & A_{12} & D_{13}K_{e3} \\ 0 & K_{e2} & -f_2 & -K_{e2} & 0 \\ D_{21}K_{e1} & A_{21} & D_{22}K_{e2} & A_{22} & D_{23}K_{e3} \\ 0 & 0 & 0 & K_{e3} & -f_3 \end{bmatrix}}_{[\mathbf{J-R}]} \cdot \underbrace{\begin{bmatrix} \Omega_1 \\ I_{12} \\ \Omega_2 \\ I_{23} \\ \Omega_3 \end{bmatrix}}_{\frac{\partial H}{\partial x}} + \underbrace{\begin{bmatrix} C_{em1} \\ 0 \\ C_{em2} \\ 0 \\ C_{em3} \end{bmatrix}}_{gu} \tag{7.10}$$

Pour avoir des résultats rapides en expérimentation et pour être plus près de (6.1) et les autres développements du chapitre 6, les équations de courant devraient être en fonction de L_i (elles sont actuellement en fonction L_i^2). Pour cela, on a utilisé une mise à échelle en divisant respectivement les équations de courant (7.8) par le terme D_{11} et $(-D_{23})$.

$$
\underbrace{\begin{bmatrix} J_{1Tot}\dot{\Omega}_1 \\ \frac{\nabla}{D_{11}}\dot{i}_{12} \\ J_{2Tot}\dot{\Omega}_2 \\ \frac{\nabla}{-D_{23}}\dot{i}_{23} \\ J_{3Tot}\dot{\Omega}_3 \end{bmatrix}}_{\dot{x}} = \begin{bmatrix} -f_1 & -k_{e1} & 0 & 0 & 0 \\ k_{e1} & \frac{A_{11}}{D_{11}} & \frac{D_{12}}{D_{11}}k_{e2} & \frac{A_{12}}{D_{11}} & \frac{D_{13}}{D_{11}}k_{e3} \\ 0 & k_{e2} & -f_2 & -k_{e2} & 0 \\ \frac{D_{21}}{-D_{23}}k_{e1} & \frac{A_{21}}{-D_{23}} & \frac{D_{22}}{-D_{23}}k_{e2} & \frac{A_{22}}{-D_{23}} & -k_{e3} \\ 0 & 0 & 0 & k_{e3} & -f_3 \end{bmatrix} \cdot \underbrace{\begin{bmatrix} \Omega_1 \\ I_{12} \\ \Omega_2 \\ I_{23} \\ \Omega_3 \end{bmatrix}}_{\frac{\partial H}{\partial x}} + \underbrace{\begin{bmatrix} C_{em1} \\ 0 \\ C_{em2} \\ 0 \\ C_{em3} \end{bmatrix}}_{gU} \qquad (7.11)
$$

On observe que le système (7.11) n'est pas directement un système Hamiltonien commandé par ports. Par contre, avec les remarques ci-dessous, le système devient un système PCHD. On posant que les paramètres des machines MCC_1, MCC_2 et MCC_3 sont identiques ($L_{a_1} = L_{a_2} = L_{a_3}$; $R_{a_1} = R_{a_2} = R_{a_3}$; $R_1 = R_2 = R_3$; $K_{e1} = K_{e2} = K_{e3}$), ainsi que pour les deux liens inductifs ($L_1 = L_2$), ce qui permet d'en déduire que $A_{12} \equiv A_{21}$, $D_{12} \equiv -D_{22}$ et $D_{23} \equiv -D_{11}$.

$$
\underbrace{\begin{bmatrix} J_{1Tot}\dot{\Omega}_1 \\ \frac{\nabla}{D_{11}}\dot{i}_{12} \\ J_{2Tot}\dot{\Omega}_2 \\ \frac{\nabla}{D_{11}}\dot{i}_{23} \\ J_{3Tot}\dot{\Omega}_3 \end{bmatrix}}_{\dot{x}} = \begin{bmatrix} -f_1 & -k_{e1} & 0 & 0 & 0 \\ k_{e1} & \frac{A_{11}}{D_{11}} & \frac{D_{12}}{D_{11}}k_{e2} & \frac{A_{12}}{D_{11}} & \frac{D_{13}}{D_{11}}k_{e3} \\ 0 & k_{e2} & -f_2 & -k_{e2} & 0 \\ \frac{D_{21}}{D_{11}}k_{e1} & \frac{A_{21}}{D_{11}} & \frac{D_{22}}{D_{11}}k_{e2} & \frac{A_{22}}{D_{11}} & -k_{e3} \\ 0 & 0 & 0 & k_{e3} & -f_3 \end{bmatrix} \cdot \underbrace{\begin{bmatrix} \Omega_1 \\ I_{12} \\ \Omega_2 \\ I_{23} \\ \Omega_3 \end{bmatrix}}_{\frac{\partial H}{\partial x}} + \underbrace{\begin{bmatrix} C_{em1} \\ 0 \\ C_{em2} \\ 0 \\ C_{em3} \end{bmatrix}}_{gU} \qquad (7.12)
$$

D'autre part, il faut établir d'abord les signes des différents paramètres qui composent la matrice $[\mathbf{J} - \mathbf{R}]$ afin de faciliter l'étude des caractéristiques de cette matrice (la symétrie de $\mathbf{R}$ et l'antisymétrie de $\mathbf{J}$).

Pour cette application on a ($A_{11}, A_{22}, D_{12}, D_{13}, D_{23} < 0$) et ($D_{11}, D_{21}, D_{22} > 0$), alors que ($A_{12}, A_{21} > 0$) pour $\frac{L_1}{R_1} > \frac{L_{a2}}{R_{a2}}$ et $\frac{L_2}{R_2} > \frac{L_{a2}}{R_{a2}}$ respectivement (la constante du temps du lien inductif est supérieure à la constante du temps moteur).

Afin de garder la symétrie de $\mathbf{R}$ et l'antisymétrie de $\mathbf{J}$, la prochaine étape consiste à compenser les termes $\frac{D_{21}}{D_{11}}k_{e1}$, $\frac{D_{12}}{D_{11}}k_{e2}$, $\frac{D_{13}}{D_{11}}k_{e3}$ et $\frac{D_{22}}{D_{11}}k_{e2}$ dans (7.12) par la loi de commande suivante :

$$C_{em1} = C_{em1T} - \frac{D_{21}}{D_{11}}k_{e1}I_{23}$$

$$C_{em2} = C_{em2T} - k_{e2}\left(1 + \frac{D_{12}}{D_{11}}\right)(I_{12} - I_{23}) \qquad (7.13)$$

$$C_{em3} = C_{em3T} - \frac{D_{13}}{D_{11}}k_{e3}I_{12}$$

En revanche, une analyse analytique basée sur des approximations nous permet de simplifier les termes de la structure (7.12) sans passer par l'étape de compensation précédente dans (7.13) si $L_{1,2} \gg L_{a1,a2,a3}$.

On peut écrire dans ce cas:

$$\frac{D_{12}}{D_{11}} = \frac{-(L_2+L_{a3})}{L_2+L_{a2}+L_{a3}} \approx -1 \quad , \quad \frac{D_{22}}{D_{11}} = \frac{L_1+L_{a_1}}{L_1+L_{a_1}+L_{a_2}} \approx 1 \quad , \quad \frac{D_{13}}{D_{11}} = \frac{-L_{a_2}}{L_2+L_{a_2}+L_{a_3}} \approx 0,$$

$$\frac{D_{21}}{D_{11}} = \frac{-L_{a_2}}{L_1+L_{a_1}+L_{a_2}} \approx 0, \frac{D_{23}}{D_{11}} = -1.$$

Dans ce cas, on aura:

$$\underbrace{\begin{bmatrix} J_{1Tot}\dot{\Omega}_1 \\ \frac{\nabla}{D_{11}}\dot{i}_{12} \\ J_{2Tot}\dot{\Omega}_2 \\ \frac{\nabla}{D_{11}}\dot{i}_{23} \\ J_{3Tot}\dot{\Omega}_3 \end{bmatrix}}_{\dot{x}} = \begin{bmatrix} -f_1 & -k_{e1} & 0 & 0 & 0 \\ k_{e1} & \frac{A_{11}}{D_{11}} & -k_{e2} & \frac{A_{12}}{D_{11}} & 0 \\ 0 & k_{e2} & -f_2 & -k_{e2} & 0 \\ 0 & \frac{A_{21}}{D_{11}} & k_{e2} & \frac{A_{22}}{D_{11}} & -k_{e3} \\ 0 & 0 & 0 & k_{e3} & -f_3 \end{bmatrix} \cdot \begin{bmatrix} \Omega_1 \\ I_{12} \\ \Omega_2 \\ I_{23} \\ \Omega_3 \end{bmatrix}}_{\frac{\partial H}{\partial x}} + \underbrace{\begin{bmatrix} C_{em1} \\ 0 \\ C_{em2} \\ 0 \\ C_{em3} \end{bmatrix}}_{gu} \qquad (7.14)$$

dont les matrices **J** et **R** sont déduites respectivement comme suit :

$$\mathbf{J} = \begin{bmatrix} 0 & -k_{e1} & 0 & 0 & 0 \\ k_{e1} & 0 & -k_{e2} & 0 & 0 \\ 0 & k_{e2} & 0 & -k_{e2} & 0 \\ 0 & 0 & k_{e2} & 0 & -k_{e3} \\ 0 & 0 & 0 & k_{e3} & 0 \end{bmatrix}$$

$$\mathbf{R} = \begin{bmatrix} f_1 & 0 & 0 & 0 & 0 \\ 0 & -A_{11}/D_{11} & 0 & -A_{12}/D_{11} & 0 \\ 0 & 0 & f_2 & 0 & 0 \\ 0 & -A_{21}/D_{11} & 0 & -A_{22}/D_{11} & 0 \\ 0 & 0 & 0 & 0 & f_3 \end{bmatrix}$$

On remarque que la matrice $\mathbf{J}$ est antisymétrique, alors qu'on peut vérifier facilement que la matrice $\mathbf{R}$ est symétrique définie positive.

Dans ce cas, la sortie y du système représenté par (7.14) est donnée par:

$$y = g^T(x) \frac{\partial H(x)}{\partial x} = [\Omega_1 \quad \Omega_2 \quad \Omega_3]^T \tag{7.15}$$

La fonction Hamiltonienne $H(x)$ de ce système est donnée par :

$$H(x) = \frac{1}{2}\sum_{i=1}^{3} J_{iTot}\Omega_i^2 + \frac{1}{2}\frac{\nabla}{D_{11}}(I_{12}^2 + I_{23}^2) \tag{7.16}$$

7.3.2 Correcteur forte autorité basé sur la commande décentralisée passive

Nous pouvons définir le correcteur de vitesse et le correcteur de courant selon la procédure de conception détaillée dans l'annexe B. Par exemple la structure de commande de courant qui traverse l'inductance L_2 est déduite en isolant la vitesse de rotation Ω_3 de la machine M_3. De cette façon, le courant traversant l'inductance L_2 est commandé en produisant la consigne de vitesse pour la machine M_3 selon la structure de commande montrée sur la figure 7.7.

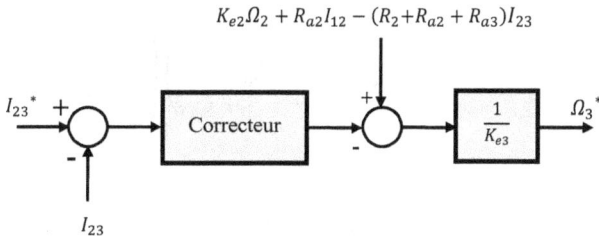

Figure 7.7 Structure du correcteur de courant pour le système composé de 3 paires de machines.

7.4 Généralisation pour un système multimoteur composé de 4 paires de machines

7.4.1 Correcteur faible autorité basé sur la représentation PCHD

La figure 7.8 présente une généralisation d'un système multimoteur équivalent composé de 4 machines MAS et de 4 machines MCC couplées avec des liens inductifs branchés de la même façon que la figure 7.3.

— *Dynamique du système équivalent*

➤ *Dynamique du courant traversant les liens inductifs*

La dynamique des différents courants qui circulent dans les liens inductifs du circuit électrique équivalent de la figure 7.9 est donnée par (7.17).

$$(L_1 + L_{a1} + L_{a2})\frac{dI_{12}}{dt} - L_{a2}\frac{dI_{23}}{dt} + (R_1 + R_{a1} + R_{a2})I_{12} - R_{a2}I_{23} + Eg_2 - Eg_1 = 0$$

$$-L_{a2}\frac{dI_{12}}{dt} + (L_2 + L_{a2} + L_{a3})\frac{dI_{23}}{dt} - L_{a3}\frac{dI_{34}}{dt} - R_{a2}I_{12} + (R_2 + R_{a2} + R_{a3})I_{23} - R_{a3}I_{34} + Eg_3 - Eg_2 = 0 \qquad (7.17)$$

$$-L_{a3}\frac{dI_{23}}{dt} + (L_3 + L_{a3} + L_{a4})\frac{dI_{34}}{dt} - R_{a3}I_{23} + (R_3 + R_{a3} + R_{a4})I_{34} + Eg_4 - Eg_3 = 0$$

On peut réorganiser (7.17) sous la forme matricielle suivante :

$$\begin{pmatrix} L_1 + L_{a1} + L_{a2} & -L_{a2} & 0 \\ -L_{a2} & L_2 + L_{a2} + L_{a3} & -L_{a3} \\ 0 & -L_{a3} & L_3 + L_{a3} + L_{a4} \end{pmatrix} \begin{pmatrix} \frac{dI_{12}}{dt} \\ \frac{dI_{23}}{dt} \\ \frac{dI_{34}}{dt} \end{pmatrix}$$

$$=$$

$$\begin{pmatrix} -(R_1 + R_{a1} + R_{a2})I_{12} + R_{a2}I_{23} + Eg_1 - Eg_2 \\ R_{a2}I_{12} - (R_2 + R_{a2} + R_{a3})I_{23} + R_{a3}I_{34} + Eg_2 - Eg_3 \\ R_{a3}I_{23} - (R_3 + R_{a3} + R_{a4})I_{34} + Eg_3 - Eg_4 \end{pmatrix} \qquad (7.18)$$

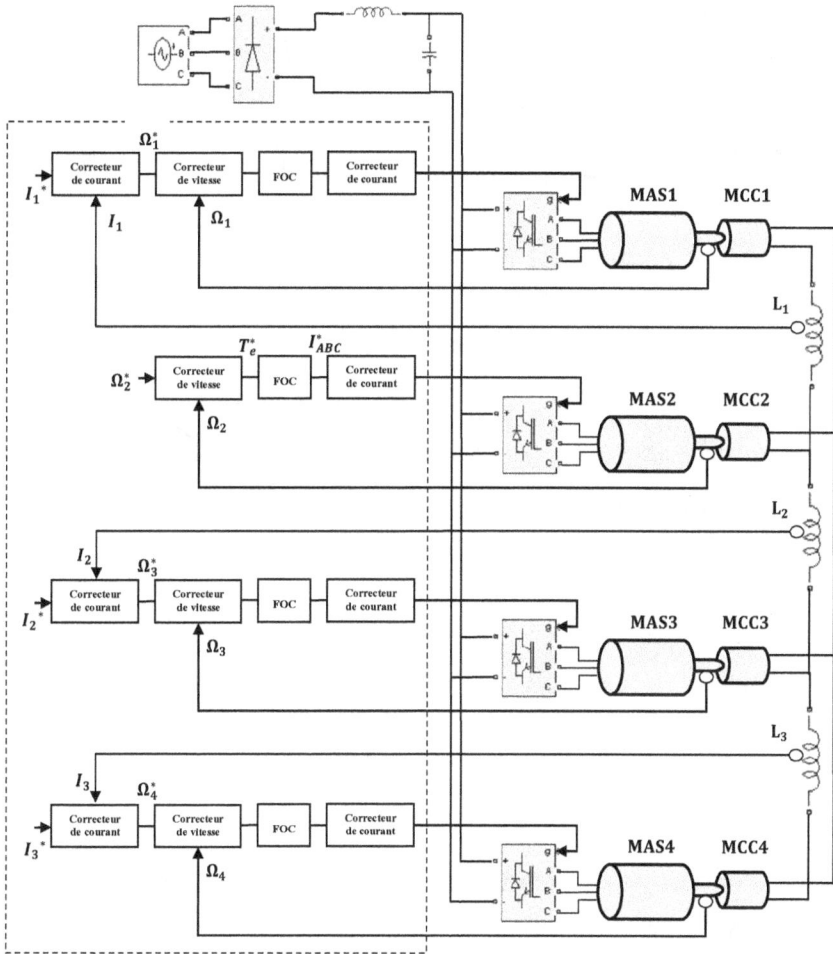

Figure 7.8 Système multimoteur composé de 4 paires de machines avec couplage inductif.

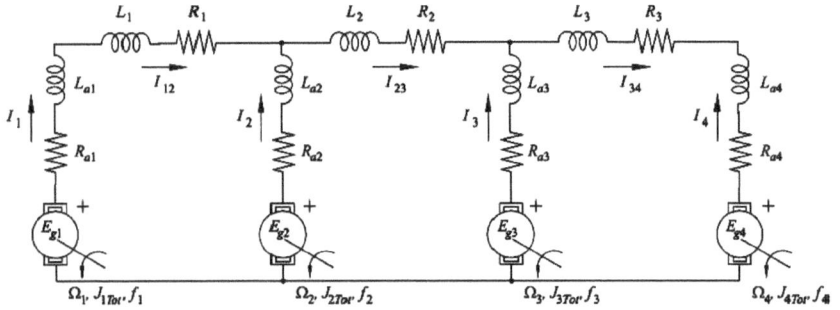

Figure 7.9 Circuit électrique équivalent d'un système composé de 4 machines avec couplage électrique par inductance.

La solution complète de (7.18) en $\frac{dI_{12}}{dt}, \frac{dI_{23}}{dt}$ et $\frac{dI_{34}}{dt}$ en utilisant le calcul symbolique de Matlab en posant ($L = L_1 = L_2 = L_3$; $L_a = L_{a_1} = L_{a_2} = L_{a_3} = L_{a_4}$; $R_a = R_{a_1} = R_{a_2} = R_{a_3} = R_{a_4}$; $R = R_1 = R_2 = R_3 = R_4$; $K_e = K_{e1} = K_{e2} = K_{e3} = K_{e4}$) est donnée par :

$$\nabla \cdot \frac{dI_{12}}{dt} = A_{11}I_{12} + A_{12}I_{23} + A_{13}I_{34} + D_{11}K_{e1}\Omega_1 + D_{12}K_{e2}\Omega_2 + D_{13}K_{e3}\Omega_3 + D_{14}K_{e4}\Omega_4$$

$$\nabla \cdot \frac{dI_{23}}{dt} = A_{21}I_{12} + A_{22}I_{23} + A_{23}I_{34} + D_{21}K_{e1}\Omega_1 + D_{22}K_{e2}\Omega_2 + D_{23}K_{e3}\Omega_3 + D_{24}K_{e4}\Omega_4 \qquad (7.19)$$

$$\nabla \cdot \frac{dI_{34}}{dt} = A_{31}I_{12} + A_{32}I_{23} + A_{33}I_{34} + D_{31}K_{e1}\Omega_1 + D_{32}K_{e2}\Omega_2 + D_{33}K_{e3}\Omega_3 + D_{34}K_{e4}\Omega_4$$

Dont les différentes variables $\left(\nabla, A_{ij}, D_{ij}\right)$ sont données comme suit :

$$A_{11} = -(RL^2 + 2R_aL^2 + 3RL_a^2 + 4R_aL_a^2 + 4RL_aL + 7R_aL_aL)$$
$$A_{12} = (L + 2L_a)(R_aL - RL_a)$$

182

$$A_{13} = (R_a L - R L_a)$$

$$D_{11} = L^2 + 3L_a^2 + 4L_a L$$

$$D_{12} = -(L^2 + L_a^2 + 3L_a L)$$

$$D_{13} = -(L_a L + L_a^2)$$

$$D_{14} = -L_a^2$$

$$A_{21} = (L + 2L_a)(R_a L - R L_a)$$

$$A_{22} = -(RL + 2R_a L + 2L_a R + 2R_a L_a)(L + 2L_a)$$

$$A_{23} = (L + 2L_a)(R_a L - R L_a)$$

$$D_{21} = L_a(L + 2L_a)$$

$$D_{22} = (L + L_a)(L + 2L_a)$$

$$D_{23} = -(L + L_a)(L + 2L_a)$$

$$D_{24} = -L_a(L + 2L_a)$$

$$A_{31} = (R_a L - R L_a)$$

$$A_{32} = (L + 2L_a)(R_a L - R L_a)$$

$$A_{33} = -(RL^2 + 2R_a L^2 + 3RL_a^2 + 4R_a L_a^2 + 4RL_a L + 7R_a L_a L)$$

$$D_{31} = L_a^2$$

$$D_{32} = (L_a L + L_a^2)$$

$$D_{33} = (L^2 + L_a^2 + 3L_a L)$$

$$D_{34} = -(L^2 + 3L_a^2 + 4L_a L)$$

$$\nabla = (L^2 + 2L_a^2 + 4L_a L)(L + 2L_a)$$

On peut déduire que $A_{12} \equiv A_{21}$, $A_{13} \equiv A_{31}$, $A_{23} \equiv A_{32}$. L'étude de signe des différents paramètres qui composent la matrice $[\mathbf{J} - \mathbf{R}]$ donne :

$A_{11}, A_{22}A_{33}, D_{12}, D_{13}, D_{14}, D_{23}, D_{24}, D_{34} < 0$ \qquad et

$D_{11}, D_{21}, D_{22}, D_{31}, D_{32}, D_{33} > 0$. Alors que $A_{12}, A_{13}, A_{21}, A_{23}, A_{31}, A_{32} > 0$

pour $\frac{L}{R} > \frac{L_a}{R_a}$.

> *Dynamique de la vitesse des machines MAS*

Les équations dynamiques de chaque moteur MAS sont données par :

$$J_{1Tot}\frac{d\Omega_1}{dt} = -f_1\Omega_1 - K_{e1}I_{12} + C_{em1}$$

$$J_{2Tot}\frac{d\Omega_2}{dt} = -f_2\Omega_2 - K_{e2}(I_{23} - I_{12}) + C_{em2} \qquad (7.20)$$

$$J_{3Tot}\frac{d\Omega_3}{dt} = -f_3\Omega_3 - K_{e3}(I_{34} - I_{23}) + C_{em3}$$

$$J_{4Tot}\frac{d\Omega_4}{dt} = -f_4\Omega_4 + K_{e4}I_{34} + C_{em4}$$

— **Représentation PCHD**

La réécriture des équations de courant (7.19) et de vitesse (7.20) qui représentent le système global de la figure 7.9 sous une forme matricielle permet d'avoir (7.21).

$$
\begin{bmatrix} J_{1Tot}\dot{\Omega}_1 \\ \frac{\nabla}{D_{11}}I_{12} \\ J_{2Tot}\dot{\Omega}_2 \\ \frac{\nabla}{D_{11}}I_{23} \\ J_{3Tot}\dot{\Omega}_3 \\ \frac{\nabla}{D_{11}}I_{34} \\ J_{4Tot}\dot{\Omega}_4 \end{bmatrix}
=
\begin{bmatrix}
-f_1 & -k_{e1} & 0 & 0 & 0 & 0 & 0 \\
k_{e1} & \frac{A_{11}}{D_{11}} & \frac{D_{12}}{D_{11}}k_{e2} & \frac{A_{12}}{D_{11}} & \frac{D_{13}}{D_{11}}k_{e3} & \frac{A_{13}}{D_{11}} & \frac{D_{14}}{D_{11}}k_{e4} \\
0 & k_{e2} & -f_2 & -k_{e2} & 0 & 0 & 0 \\
\frac{D_{21}}{D_{11}}k_{e1} & \frac{A_{21}}{D_{11}} & \frac{D_{22}}{D_{11}}k_{e2} & \frac{A_{22}}{D_{11}} & \frac{D_{23}}{D_{11}}k_{e3} & \frac{A_{23}}{D_{11}} & \frac{D_{24}}{D_{11}}k_{e4} \\
0 & 0 & 0 & k_{e3} & -f_3 & -k_{e3} & 0 \\
\frac{D_{31}}{D_{11}}k_{e1} & \frac{A_{31}}{D_{11}} & \frac{D_{32}}{D_{11}}k_{e2} & \frac{A_{32}}{D_{11}} & \frac{D_{33}}{D_{11}}k_{e3} & \frac{A_{33}}{D_{11}} & \frac{D_{34}}{D_{11}}k_{e4} \\
0 & 0 & 0 & 0 & 0 & k_{e4} & -f_4
\end{bmatrix}
\cdot
\begin{bmatrix} \Omega_1 \\ I_{12} \\ \Omega_2 \\ I_{23} \\ \Omega_3 \\ I_{34} \\ \Omega_4 \end{bmatrix}
+
$$

$$
\begin{bmatrix} C_{em1} \\ 0 \\ C_{em2} \\ 0 \\ C_{em3} \\ 0 \\ C_{em4} \end{bmatrix} \qquad (7.21)
$$

La prochaine étape consiste à compenser les termes $\frac{D_{21}}{D_{11}}k_{e1}$, $\frac{D_{31}}{D_{11}}k_{e1}$, $\frac{D_{12}}{D_{11}}k_{e2}$, $\frac{D_{22}}{D_{11}}k_{e2}$, $\frac{D_{32}}{D_{11}}k_{e2}$, $\frac{D_{13}}{D_{11}}k_{e3}$, $\frac{D_{23}}{D_{11}}k_{e3}$, $\frac{D_{33}}{D_{11}}k_{e3}$, $\frac{D_{14}}{D_{11}}k_{e4}$, $\frac{D_{24}}{D_{11}}k_{e4}$ dans (7.21) par la loi de commande donnée par (7.22) afin de garder la symétrie de **R** et l'antisymétrie de **J**.

$$C_{em1} = C_{em1T} - \frac{D_{21}}{D_{11}}k_{e1}I_{23} - \frac{D_{31}}{D_{11}}k_{e1}I_{34}$$

$$C_{em2} = C_{em2T} - \left(1 + \frac{D_{12}}{D_{11}}\right)k_{e2}I_{12} - \left(\frac{D_{22}}{D_{11}} - 1\right)k_{e2}I_{23} \qquad (7.22)$$

$$C_{em3} = C_{em2T} - \left(1 + \frac{D_{23}}{D_{11}}\right)k_{e3}I_{23} - \left(\frac{D_{33}}{D_{11}} - 1\right)k_{e3}I_{34}$$

$$C_{em4} = C_{em3T} - \frac{D_{14}}{D_{11}}k_{e4}I_{12} - - \frac{D_{24}}{D_{11}}k_{e4}I_{23}$$

Pour $L_{1,2,3} \gg L_{a_1,a_2,a_3,a_4}$, l'équation (7.23) est obtenue en appliquant les approximations suivantes sur (7.21):

$\frac{D_{12}}{D_{11}} \approx -1$, $\frac{D_{13}}{D_{11}} \approx 0$, $\frac{D_{14}}{D_{11}} \approx 0$, $\frac{D_{21}}{D_{11}} \approx 0$, $\frac{D_{22}}{D_{11}} \approx 1$, $\frac{D_{23}}{D_{11}} \approx -1$, $\frac{D_{24}}{D_{11}} \approx 0$, $\frac{D_{31}}{D_{11}} \approx 0$,

$\frac{D_{32}}{D_{11}} \approx 0$, $\frac{D_{33}}{D_{11}} \approx 1$, $\frac{D_{34}}{D_{11}} = -1$.

$$
\begin{bmatrix} J_{1Tot}\dot{\Omega}_1 \\ \frac{\nabla}{D_{11}}I_{12} \\ J_{2Tot}\dot{\Omega}_2 \\ \frac{\nabla}{D_{11}}I_{23} \\ J_{3Tot}\dot{\Omega}_3 \\ \frac{\nabla}{D_{11}}I_{34} \\ J_{4Tot}\dot{\Omega}_4 \end{bmatrix}
=
\begin{bmatrix}
-f_1 & -k_{e1} & 0 & 0 & 0 & 0 & 0 \\
k_{e1} & \frac{A_{11}}{D_{11}} & -k_{e2} & \frac{A_{12}}{D_{11}} & 0 & \frac{A_{13}}{D_{11}} & 0 \\
0 & k_{e2} & -f_2 & -k_{e2} & 0 & 0 & 0 \\
0 & \frac{A_{21}}{D_{11}} & k_{e2} & \frac{A_{22}}{D_{11}} & -k_{e3} & \frac{A_{23}}{D_{11}} & 0 \\
0 & 0 & 0 & k_{e3} & -f_3 & -k_{e3} & 0 \\
0 & \frac{A_{31}}{D_{11}} & 0 & \frac{A_{32}}{D_{11}} & k_{e3} & \frac{A_{33}}{D_{11}} & -k_{e4} \\
0 & 0 & 0 & 0 & 0 & k_{e4} & -f_4
\end{bmatrix}
\cdot
\begin{bmatrix} \Omega_1 \\ I_{12} \\ \Omega_2 \\ I_{23} \\ \Omega_3 \\ I_{34} \\ \Omega_4 \end{bmatrix}
+
\begin{bmatrix} C_{em1T} \\ 0 \\ C_{em2T} \\ 0 \\ C_{em3T} \\ 0 \\ C_{em4T} \end{bmatrix}
$$

$$(7.23)$$

Les matrices **J** et **R** sont données respectivement par :

$$J = \begin{bmatrix} 0 & -k_{e1} & 0 & 0 & 0 & 0 & 0 \\ k_{e1} & 0 & -k_{e2} & 0 & 0 & 0 & 0 \\ 0 & k_{e2} & 0 & -k_{e2} & 0 & 0 & 0 \\ 0 & 0 & k_{e2} & 0 & -k_{e3} & 0 & 0 \\ 0 & 0 & 0 & k_{e3} & 0 & -k_{e3} & 0 \\ 0 & 0 & 0 & 0 & k_{e3} & 0 & -k_{e4} \\ 0 & 0 & 0 & 0 & 0 & k_{e4} & 0 \end{bmatrix}$$

$$R = \begin{bmatrix} f_1 & 0 & 0 & 0 & 0 & 0 & 0 \\ 0 & \frac{-A_{11}}{D_{11}} & 0 & \frac{-A_{12}}{D_{11}} & 0 & \frac{A_{13}}{D_{11}} & 0 \\ 0 & 0 & f_2 & 0 & 0 & 0 & 0 \\ 0 & \frac{-A_{21}}{D_{11}} & 0 & \frac{-A_{22}}{D_{11}} & 0 & \frac{-A_{23}}{D_{11}} & 0 \\ 0 & 0 & 0 & 0 & f_3 & 0 & 0 \\ 0 & \frac{-A_{31}}{D_{11}} & 0 & \frac{-A_{32}}{D_{11}} & 0 & \frac{-A_{33}}{D_{11}} & 0 \\ 0 & 0 & 0 & 0 & 0 & 0 & f_4 \end{bmatrix}$$

On remarque que la matrice **J** est antisymétrique, et on peut vérifier aussi que la matrice **R** est symétrique définie positive.

Dans ce cas, la sortie y du système représenté par (7.23) est donnée par:

$$y = g^T(x)\frac{\partial H(x)}{\partial x} = [\Omega_1 \quad \Omega_2 \quad \Omega_3 \quad \Omega_4]^T \tag{7.24}$$

La fonction Hamiltonienne $H(x)$ de ce système est donnée par :

$$H(x) = \frac{1}{2}\sum_{i=1}^{4} J_{iTot}\Omega_i^2 + \frac{\nabla}{2D_{11}}(I_{12}^2 + I_{23}^2 + I_{34}^2) \tag{7.25}$$

Restrictions et limitations: pour cette application, il faut mentionner qu'il y'a plusieurs contraintes qui peuvent limiter la mise en œuvre du système sous la représentation PCHD. Une des contraintes se présente si les 4 machines à courant continu MCC ne sont pas similaires $(L_{a_1} \neq L_{a_2} \neq L_{a_3} \neq L_{a_4}; R_{a_1} \neq R_{a_2} \neq R_{a_3} \neq R_{a_4}; R_1 \neq R_2 \neq R_3 \neq R_4; K_{e1} \neq K_{e2} \neq K_{e3} \neq K_{e4})$, où lorsque les liens inductifs ne sont pas identiques $(L_1 \neq L_2 \neq L_3)$. Dans ces cas-ci, on perd totalement l'antisymétrie et la symétrie des matrices **J** et

R respectivement, ce qui rend difficile la mise en forme directe de ce système sous une forme PCHD.

7.4.2 Correcteur forte autorité

La figure 7.10 montre la structure de commande de courant qui traverse l'inductance L_{34}. Ce courant est commandé en produisant la consigne de vitesse pour la machine M_4. Basé sur le même principe, on peut concevoir les correcteurs des courants qui traversent les liens inductifs L_{12} et L_{23}.

$$A_{31}I_{12} + A_{32}I_{23} + A_{33}I_{34} + D_{31}K_{e1}\Omega_1 + D_{32}K_{e2}\Omega_2 + D_{33}K_{e3}\Omega_3$$

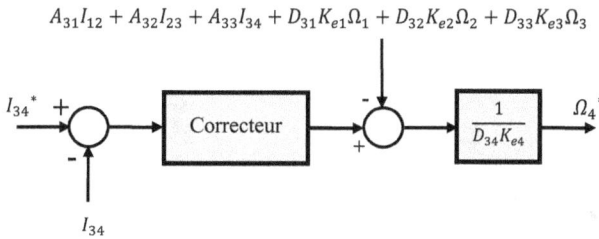

Figure 7.10 Structure du correcteur de courant pour le système composé de 4 paires de machines.

7.5 Résultats expérimentaux

La performance de la structure de commande proposée est testée sur un système multimoteur électrique composé de 4 paires de machines MAS-MCC. Les résultats de simulation ont été obtenus en temps réel en utilisant la plateforme de simulation RT-LAB. La figure 7.11 présente la répartition des différents sous-systèmes de la structure de commande du système multimoteur.

- Le bloc "SC_CONSOLE" montré sur la figure 7.12 sert à la visualisation (scope) et les ajustements des consignes de vitesse et de tensions. Dans ce

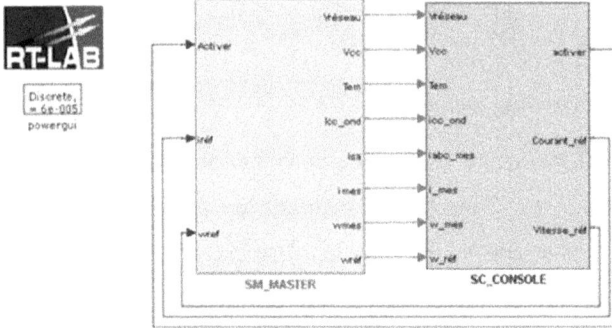

Figure 7.11 Répartition des sous-systèmes de la structure multimoteur.

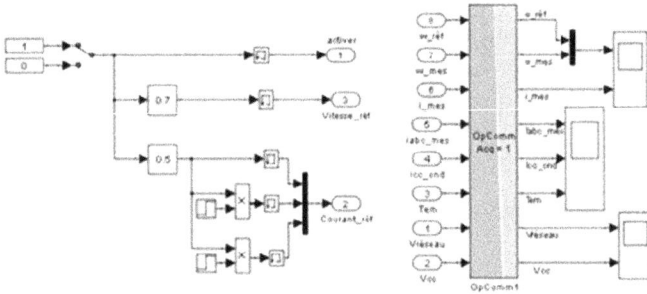

Figure 7.12 Bloc SC_CONSOLE.

cas-ci, la vitesse de chaque machine (w_mes), le courant de chaque lien inductif (i_mes), le courant du stator (Iabc_mes), la consigne de couple (Tem) et la tension du bus cc (Vcc) sont affichés. Les signaux envoyés ver les correcteurs sont : un signal pour activer le correcteur (activer), la consigne de vitesse (Vitesse_réf) et les consignes de courant (Courant_réf). Le bloc de communication permet d'échanger l'information avec les correcteurs qui se trouvent dans le bloc SM_MASTER.

- Le bloc "SM_MASTER" de la figure 7.13 contient un bloc de synchronisation, un bloc de communication, le code MATLAB/Simulink des correcteurs et les blocs OPAL qui permettent l'interfaçage des signaux de mesure provenant du système électromécanique et l'envoi des signaux de commande des onduleurs et du hacheur de freinage. L'utilisation des blocs d'interfaçage, soit "entrées analogiques", "sorties numériques", le bloc de "communication" et le bloc de "synchronisation" est obligatoire. Le bloc de "correcteurs" peut être modifié au besoin pour permettre d'utiliser d'autres lois de commande.

Le bloc "entrées analogiques", permet de faire le lien entre les entrées provenant des capteurs de tension, courant et vitesse, il permet aussi d'ajuster les gains afin de réaliser un étalonnage avant leur utilisation.

Le bloc "Sorties numériques", génère les impulsions de chaque onduleur et les impulsions de commande du hacheur de freinage.

- Le bloc "Correcteurs" montré sur la figure 7.14, contient le code pour réaliser la commande hiérarchisée. Il inclut un correcteur faible autorité basée sur la représentation PCHD et un correcteur forte autorité composé d'un correcteur de type PI pour la commande de courant en cascade avec un correcteur de vitesse de type PI.

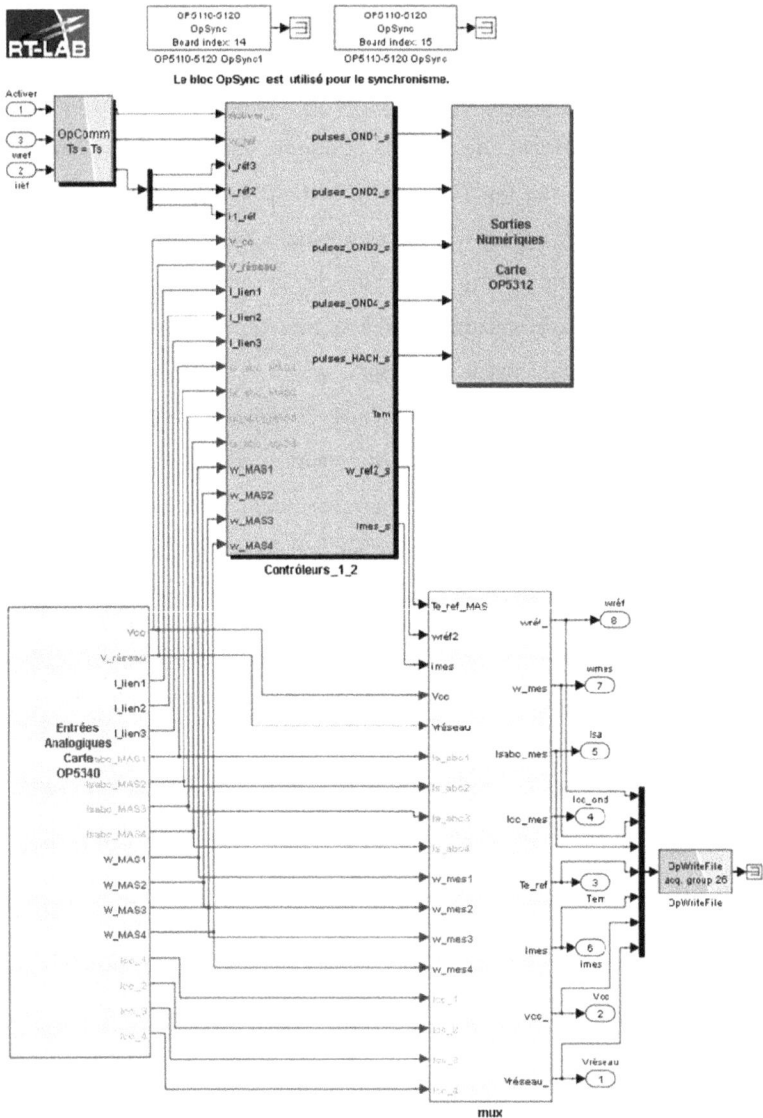

Figure 7.13 Bloc SM_MASTER.

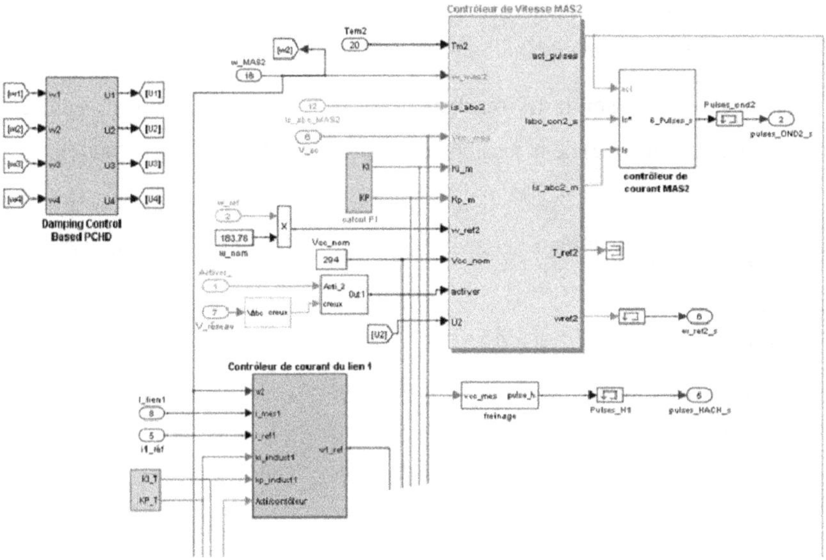

Figure 7.14 Bloc correcteurs.

Pour la validation expérimentale, la structure de commande proposée est implantée et exécutée en temps réel en utilisant la plateforme RT-LAB. Les correcteurs de vitesse et de courant utilisent un correcteur de type PI pour implémenter le correcteur forte autorité, tandis que le correcteur à faible autorité basé sur l'injection des amortissements utilise la structure maître-esclave afin de prouver l'effet d'amélioration des performances. Les paramètres des différentes machines et ceux des correcteurs sont présentés en annexe D.

Afin de comparer entre les résultats de simulation et les résultats expérimentaux, une variation de la consigne d'une valeur de 0.5A est imposée au courant du lien inductif, suivie d'une rampe de la vitesse de référence imposée par la machine M_2 qui requiert un démarrage lent, afin d'atteindre graduellement le régime de fonctionnement normal.

La figure 7.15 montre les résultats de simulation (gauche) et les résultats expérimentaux (droite) de la tension du réseau (V_{abc}) et la tension du bus cc.

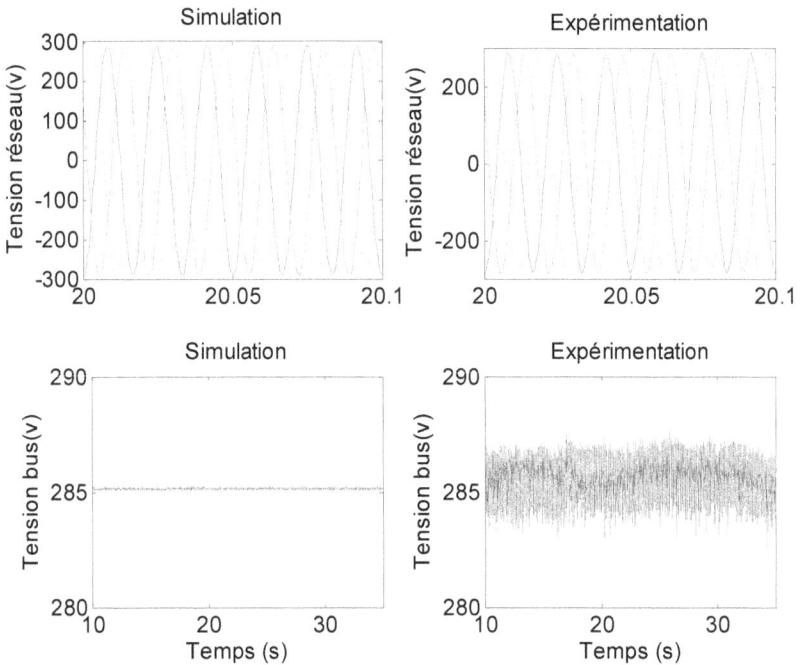

Figure 7.15 Réponses en simulation et en expérimentation de : (a) Tension du réseau, (b) Tension du bus cc.

Les figures 7.16, 7.17 et 7.18 montrent respectivement les résultats de simulation et les résultats expérimentaux de courant du lien inductif, les vitesses et les couples électromagnétiques dans le cas d'un système constitué de deux machines.

Les figures 7.19 et 7.20 montrent respectivement la réponse du courant du lien inductif et la réponse de vitesse correspondant à la machine M_1 pour une variation du courant de référence entre 0.5 et 1 A. Dans ce cas, la machine M_2 joue le rôle d'une génératrice qui fournit de l'énergie (le courant) à la machine M_1 qui opère en mode moteur. Les résultats et les réponses montrent le bon accord entre la simulation et l'expérimentation.

Dans le cas d'un système constitué de trois machines, on applique au démarrage une vitesse de consigne nulle ($v_2 = 0$ rad/s) avec une variation de la consigne du courant d'une valeur de 0.5A imposée pour chaque lien inductif (I_{12}) et (I_{23}). La figure 7.21 montre les réponses de simulation et d'expérimentation du courant de chaque lien inductif lors d'une variation des consignes de courant. On remarque que les valeurs mesurées des courants I_{12} et I_{23} poursuivent bien leur consigne après un bref régime transitoire. La figure 7.22 montre les réponses des vitesses à une consigne de vitesse pour v_2 au démarrage de l'ordre de 90 rad/s. En effet, nous pouvons constater sur ces figures qu'en régime permanent les courants traversant chaque lien et la vitesse v_2 atteignent toujours leur consigne. Dans ce cas, la machine 2 fournit du courant comme une génératrice aux deux autres machines.

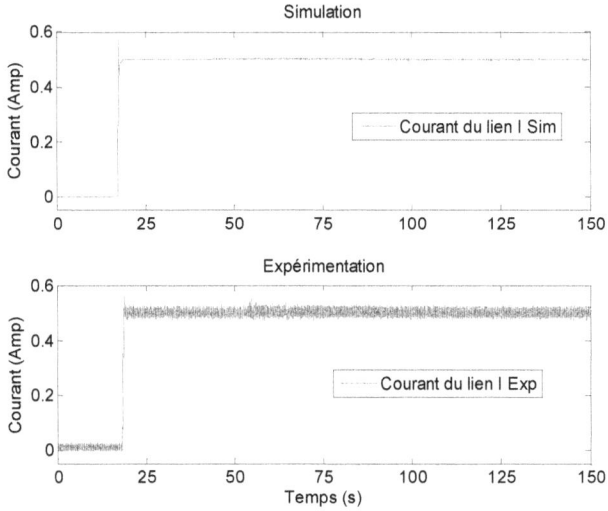

(a) réponse totale sur [0-150]s.

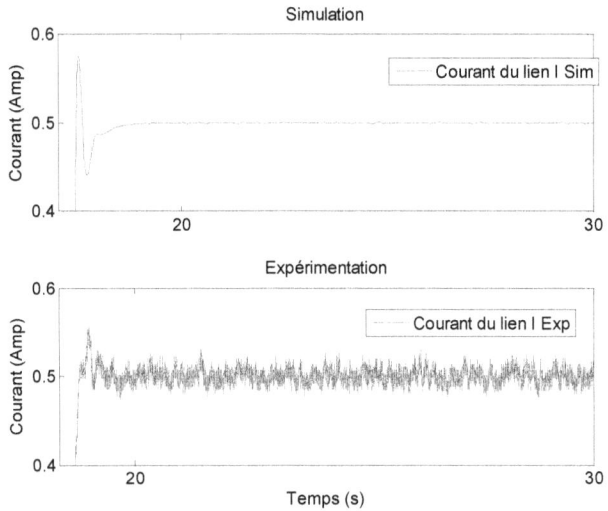

(b) réponse sur [0-30]s.

Figure 7.16 Réponse de courant en simulation et expérimentation pour chaque lien inductif (cas 2 machines).

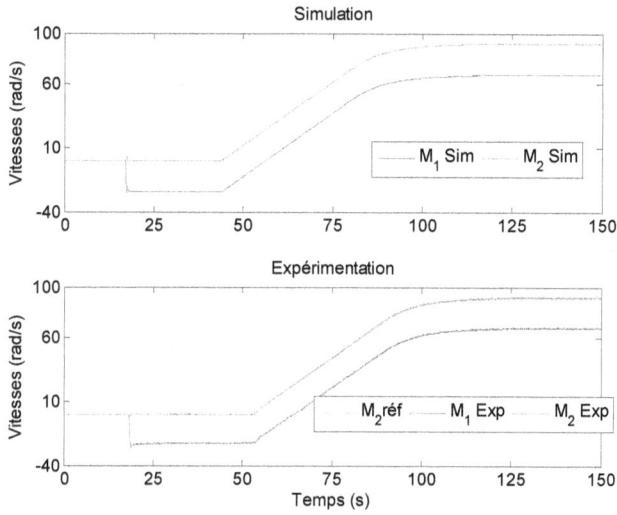

Figure 7.17 Réponse totale de la vitesse pour chaque machine (simulation et expérimentation).

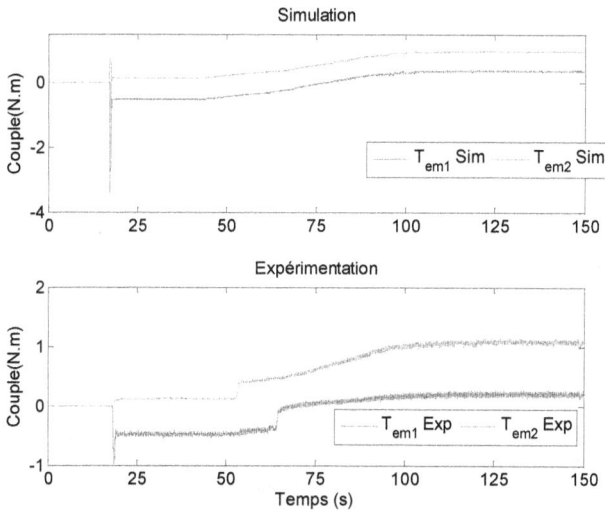

Figure 7.18 Signal de commande (simulation et expérimentation).

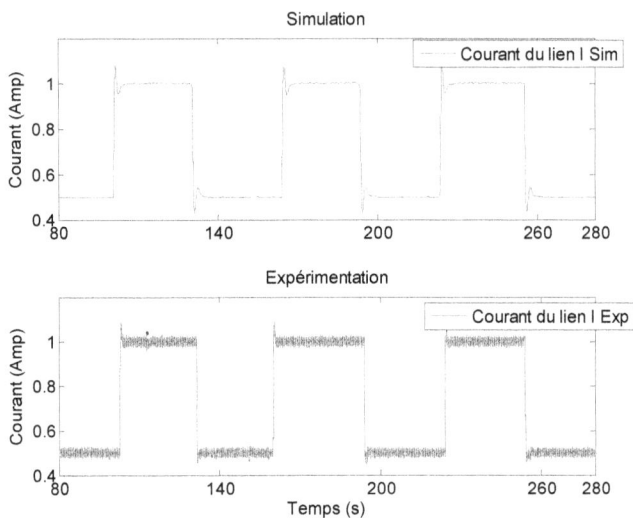

Figure 7.19 Variation du courant du lien inductif en régime établi de la vitesse.

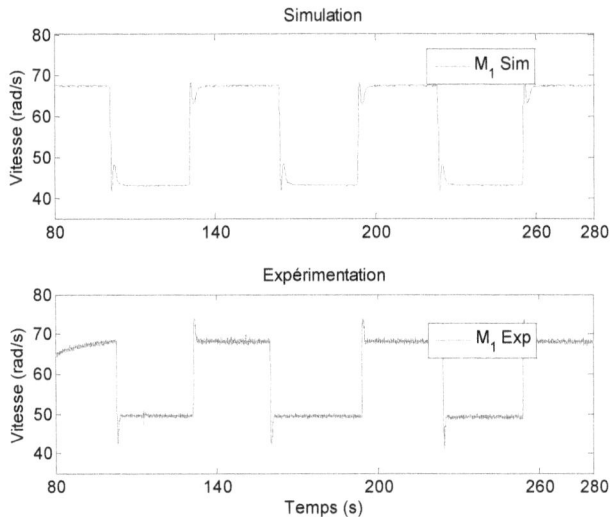

Figure 7.20 Réponses de vitesse due aux variations de courant du lien inductif (cas 2 machines).

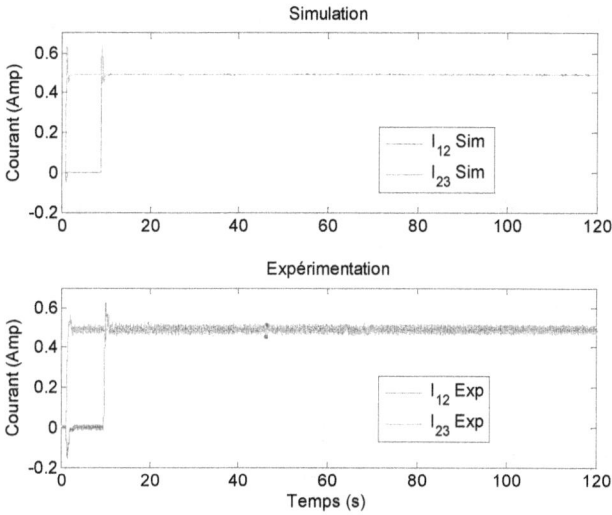

Figure 7.21 Réponses de courant en simulation et expérimentation pour chaque lien inductif (cas 3 machines).

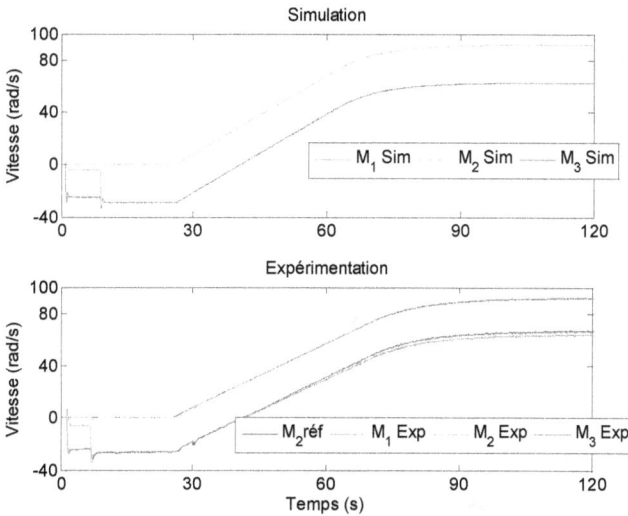

Figure 7.22 Réponses de vitesse en simulation et expérimentation (cas 3 machines).

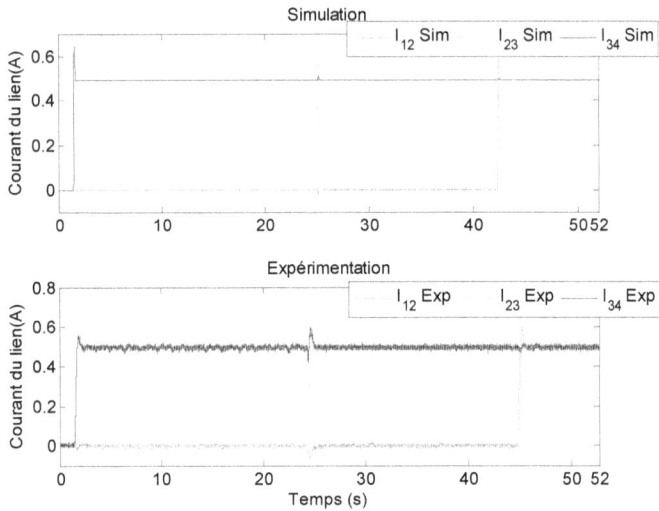

Figure 7.23 Réponses de courant en simulation et expérimentation pour chaque lien inductif (cas 4 machines).

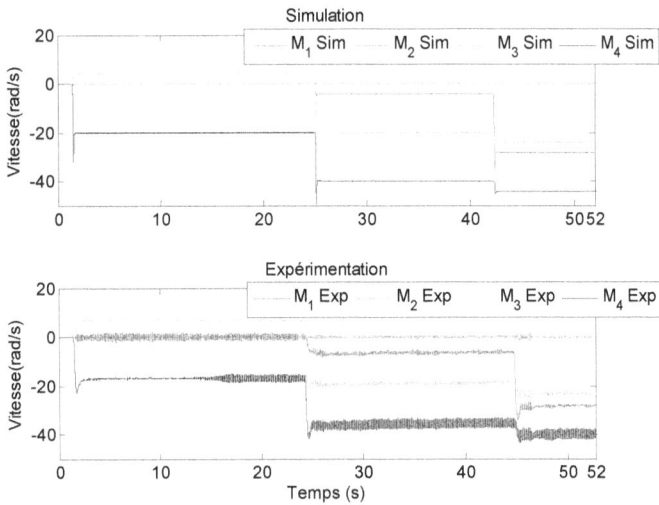

Figure 7.24 Réponses de vitesse en simulation et expérimentation (cas 4 machines).

Les mêmes conditions sont appliquées dans le cas d'un système constitué de quatre machines. Au démarrage, une variation de consigne du courant d'une valeur de 0.5A est imposée pour chaque lien inductif du dernier (I_{34}) au premier (I_{12}). Les figures 7.23 et 7.24 montrent respectivement les réponses de simulation et d'expérimentation du courant et les réponses des vitesses des quatre machines lors d'une variation des consignes de courant dans chaque lien inductif. Les résultats montrent que les valeurs mesurées des courants I_{12}, I_{23} et I_{34} poursuivent bien leur consigne; les réponses présentent moins de couplage entre les courants et les vitesses. L'amélioration apparaît en qualité d'augmentation d'amortissement de l'amplitude de dépassement (pics) des réponses.

7.6 Conclusion

Ce chapitre présente une description d'un système multimoteur électrique équivalent qui reproduit la structure d'une bobineuse. Ce système composé de 4 paires de machines MAS-MCC utilise un couplage électrique réalisé par une inductance au lieu d'un couplage mécanique (la bande de la bobineuse). Pour cela, chaque segment de la bande à transporter est remplacé par deux machines à courant continu liées électriquement par une inductance, et entraînées mécaniquement par des machines asynchrones. Dans ce cas, la commande de tension mécanique du système de bobineuse présentée précédemment est remplacée par une commande de courant du lien électrique.

Les résultats obtenus pour le système multimoteur équivalent réalisé par un couplage électromécanique à l'aide de deux machines cc et d'un lien inductif sont comparables au système de bobineuse avec une bande flexible.

Chapitre 8—Conclusion et perspectives

L'objectif général du travail de cette thèse était de développer une méthodologie de commande pour la stabilisation des systèmes de transport de bande afin de respecter les spécifications de production et les qualités désirées, un travail qui permet d'œuvrer dans plusieurs domaines tels que l'électrotechnique (électronique de puissance, moteurs), l'automatique (contrôle des systèmes), et les systèmes embarqués et temps réel (RT-Lab).

Les contributions de ce travail résident dans la proposition d'une structure de commande basée sur l'approche de développement de commandes actives pour les systèmes multimoteurs appliquées aux systèmes de bobineuse pour répondre aux besoins de cette industrie en termes de stabilité et de robustesse. Les principales contributions sont au niveau d'étendre aux systèmes de bobinage la méthode basée sur la commande des systèmes Hamiltoniens commandés par ports (PCH) et au niveau des lois de commande à base de développements sur la commande des systèmes PCH et sur la passivité. Le but était d'atteindre les performances désirées avec une structure de commande propice à être exprimée ou interprétée par des lois de commande classique, pour une mise en œuvre facile et acceptable dans l'industrie.

Pour atteindre ces objectifs, nous avons proposé dans un premier lieu un modèle approximatif moyen de la bande dans une bobineuse qui présente un compromis entre précision et simplicité. Ce modèle nous a servi de référence pour représenter le système de bobineuse sous une forme de système Hamiltonien à ports commandés avec dissipation.

L'application directe de la théorie de la commande des systèmes PCH aux bobineuses ne permet pas de satisfaire les contraintes de l'application, soit non seulement la commande de la vitesse qui est obtenue aisément, mais aussi de maîtriser la tension dans les segments de bande. Ainsi, la seconde proposition consistait à concevoir une structure de commande hiérarchisée en distinguant deux niveaux de commande. Le niveau supérieur vise à assurer la stabilisation globale du système par l'injection des amortissements supplémentaires dans la structure afin de limiter les résonances et les effets vibratoires rencontrés dans cette industrie. Cela a été réalisé à l'aide d'une commande faible autorité basée sur la représentation Hamiltonienne commandée par ports avec dissipation (PCHD). Cette représentation a permis d'identifier et d'établir les interconnexions qui favorisent l'amortissement des vibrations dans le matériau transporté. Les amortisseurs virtuels ont été injectés dans la structure en utilisant la commande de rétroaction de sortie afin de garantir la stabilité asymptotique du système global. Le choix du gain de la matrice de rétroaction de sortie a été défini en formulant le modèle du système de commande sous la forme d'équations LMI itératives. L'emplacement des amortisseurs virtuels a été réalisé en proposant trois structures : *Structure diagonale, Structure Maître-Esclave* et *Structure croisée.* Le niveau inférieur vise à assurer l'essentiel des performances, c.-à-d., contrôler à la fois la vitesse de la bande et la tension dans les différents segments de bande. Ce niveau a été conçu par une commande forte autorité réalisée par une commande cascade décentralisée basée sur la passivité. Nous avons montré comment l'indice de passivité est employé pour choisir les paires de réglages appropriées afin de réduire les interactions des boucles pour la conception de la commande décentralisée de la bobineuse.

Les simulations ont montré que la structure de commande appliquée sur le système de transport de bande garantit la stabilité globale de la structure. Le niveau supérieur de la commande basée sur le PCHD est utile dans la phase transitoire des réponses et en présence des perturbations en régime permanent. Le gain apporté est l'application du PCHD sans la détérioration des performances. L'amélioration apparaît en qualité d'augmentation d'amortissement des oscillations des réponses. Par contre, les pics de dépassement des réponses changent très peu puisque la compensation des transitoires initiales est limitée par les dynamiques des boucles de courant et de vitesse intérieures. Afin d'améliorer les performances et le rejet de perturbations dans la bobineuse, on a proposé d'appliquer la commande de rejet de perturbation active aux boucles de vitesses du niveau supérieur de la commande. L'application de cette proposition a apporté des résultats nettement supérieurs en simulation. L'amélioration apparaît significativement par le rejet des oscillations dans la réponse en présentant moins de couplage entre les tensions et les vitesses. Cependant, il reste à modifier ou à rendre cette approche de commande passive pour la lier à la structure proposée dans cette thèse.

Les stratégies de commande développées sont appliquées avec succès dans un environnement d'émulation en temps réel sur un système multimoteur électrique équivalent reproduisant la structure de la bobineuse, obtenu en adoptant l'analogie de conversion force-courant. Une grande similarité existe en effet dans les caractéristiques et les comportements des deux systèmes. Ce système possède une structure et un mode de fonctionnement très semblables à ceux des réseaux de transport d'énergie électrique avec leurs génératrices et charges distribuées. La validation sous la plateforme de simulation et de commande temps réel RT-LAB® a été appliquée en premier lieu à un système composé de deux moteurs à induction triphasés branchés au même bus cc, et couplés à l'aide de deux autres machines à courant continu liées électriquement par une inductance. Ensuite, elle a été généralisée à un système multimoteur composé de trois et quatre paires de machines électriques branchées de la même façon. Les résultats de simulation ont montré la pertinence de la structure de commande, que ce soit pour le système de transport de bande, ou pour le système électrique équivalent. D'une façon générale, cette structure de commande peut être appliquée à tout autre domaine de procédé multimoteur. Par contre, on a remarqué que lorsqu'on augmente le nombre des paires de machines, la complexité de mettre directement ce système sous une forme PCHD s'accroît, et elle devient difficile si le système électrique est asymétrique (si les liens inductifs ne sont pas similaires ou les paramètres électriques des machines ne sont pas identiques), puisqu'on perd totalement dans ce cas la symétrie et l'antisymétrie respectivement des matrices J et R. Cette difficulté se présente pour le système électrique et non pour le modèle de la bobineuse, à cause de la présence des inductances en série avec la force contre-électromotrice dans le modèle du lien entre les génératrices et la ligne de transport d'énergie. Notons cependant que cette inductance et sa résistance série pourraient permettre de modéliser le contact entre la bande et les rouleaux dans la bobineuse, ce qui reste à démontrer.

Finalement, des recommandations pour la suite du travail peuvent être faites. Dans ce travail, on a utilisé la rétroaction de sortie sur le système PCHD afin d'ajouter des amortissements supplémentaires à la matrice de dissipation. Cependant, on propose d'exploiter un type de commande qui semble bien adapté au formalisme utilisé, soit la commande par assignation de l'interconnexion et d'amortissement (*Interconnection and Damping Assignment Passivity-Based Control* (IDA-PBC), [ORT-04]). L'idée est de réguler un système en choisissant une structure sous une forme Hamiltonien à ports pour le système bouclé. Le choix concernant cette structure désirée peut alors se faire soit sur la fonction Hamiltonienne, sur la matrice d'interconnexion ou sur la matrice de dissipation, tout en respectant certaines contraintes. Trois cas sont alors proposés :

☐ fixer les matrices d'interconnexion et de dissipation et on déduit la fonction énergétique correspondante;

☐ fixer la fonction énergétique et on obtient des contraintes sur les matrices d'interconnexion et de dissipation;

☐ choisir à la fois une structure particulière pour l'énergie et des matrices d'interconnexion et de dissipation avec des propriétés particulières.

Dans l'ordre d'assurer plus de robustesse et une meilleure performance avec la même structure de commande, on propose : *i)* d'exploiter et d'appliquer l'approche des *Matrices à Inégalités Linéaires* (LMI) au niveau des boucles de vitesse et de tension de la commande forte autorité afin de régler les gains de ces correcteurs, *ii)* d'appliquer les méthodes d'optimisation afin de déduire le meilleur emplacement des amortisseurs réalisés par PCHD au niveau de la boucle faible autorité.

Lorsque le nombre de moteurs augmente, nous proposons d'appliquer la structure de commande semi-décentralisée [BEN-05] au niveau de la commande supérieure pour surmonter la difficulté de représenter le système sous une forme PCHD.

Références

[ALB-04]   P. Albertos et A. Sala, Multivariable Control Systems: An Engineering Approach, Springer-Verlag London Limited 2004.

[ALK-03]   R. Alkhatib et M. F. Golnaraghi, "Active structural vibration control: a review", *The Shock and Vibration Digest*, Sep. 2003, vol. 35, No. 5, pp 367–383.

[ANG-99]   A. Angermann, M. Aicher and D. Schroder, "Time-optimal tension control for processing plants with continuous moving webs," *Proc. 35th Annual Meeting IEEE Industry Applications Society,* Rome, Oct. 1999, 3505–3511.

[AST-00]   K.J. Åström, P. Albertos, et M. Blanke, Control of Complex Systems, Springer-Verlag London Limited, 2000.

[BAO-00]   J. Bao, P. L. Lee, F. Y. Wang, W. B. Zhou, and Y. Samyudia, "A new approach to decentralized process control using passivity and sector stability conditions.," *Chem. Eng. Commun.*, 2000, 182:213–237.

[BAO-02]   J. Bao, P. J. McLellan, and J. F. Forbes, "A passivity-based analysis for decentralized integral controllability," *Automatica*, 2002, 38(2):243–247.

[BAO-07]   J. Bao, P. L. Lee, Process Control: The Passive Systems Approach, Springer-Verlag London Limited, 2007.

[BAU-03]   M. D. Baumgart, and L. Y. Pao, "Robust Lyapunov-based feedback control of nonlinear web-winding systems," *Proceedings of IEEE Conference on Decision and Control,* vol.6. June 2003, 6398–6405.

[BEN-06]   A. Benlatreche, E. Ostertag, D. Knittel, "$H_\infty-$ feedback decentralized control by BMI optimization for large scale web handling systems," *Proc. ACC conference,* Minneapolis, USA. June 14–16, 2006, 619–625.

[BEN-08]   A. Benlatreche, D. Knittel and E. Ostertag, "Robust decentralized control strategies for large scale web handling systems," *Control Engineering Practice,* 2008, 16:736–750.

[BOU-00]   A. Bouscayrol, B. Davat *et al*, "Multi-machine multi-converter systems: applications to electromechanical drives," *EPJ Applied Physics*, vol. 10, n. 2, May 2000, pp.132–147.

[BOU-01]   B. T. Boulter *et al*, "Active disturbance rejection control for web tension regulation and control," *IEEE Conference on Decision and Control,* vol.5, 2001, 4974–4979.

[BOU-97]   B. T. Boulter, "The Effect of speed loop bandwidths and line-speed on system natural frequencies in multi-span strip processing systems," *IEEE IAS Annual Meeting,* August, vol.3, 1997, 2157–2164.

[BOY-94]   S. P. Boyd, L. E. Ghaoui, E. Feron, and V. Balakrishnan. Linear Matrix Inequalities in System and Control Theory, SIAM, Philadelphia, 1994.

[BRA-76]   G. Brandenburg, "New mathematical model for web tension and register error," *Proce.3rd Intern. IFAC Conference on Instrumentation and Automation in the Paper, Rubber and Plastics,* vol. 1, May 1976, pp 411–438.

[BRI-66]   E. H. Bristol. "On a new measure of interaction for multivariable process control," *IEEE Trans. Automat. Contr.,* 1966, 11(1):133–134.

[BRO-07]   B. Brogliato, R. Lozano, B. Maschke and O. Egeland. Dissipative Systems Analysis and Control Theory and Applications, Springer-Verlag, London, 2007.

[BYR-91]   C. I. Byrnes, A. Isidori, and J. C. Willems, "Passivity, feedback equivalence and the global stabilization of minimum phase nonlinear systems," *IEEE Trans. Automat. Contr.,* 36(11):1228–1240, 1991.

[CAM-58]   D. P. Cambell, Process Dynamics, Wiley, 1958, pp. 113–156.

[CAM-94]   P. J. Campo and M. Morari, "Achievable closed-loop properties of systems under decentralized control - conditions involving the steady-state gain," *IEEE Trans. Automat. Contr.,* 1994, 39(5):932–943.

[CAO-98]   Y. Y. Cao, J. Lam, and Y. X. Sun, "Static output feedback stabilization: an LMI approach," *Automatica*, 1998, 34:1641–1645.

[CAR-08]   A. Cardenas Gonzalez, Stratégie de gestion de creux de tension pour un système multimoteur, Mémoire maîtrise en génie électrique, Université du Québec à Trois-Rivières, Qc., Octobre 2008.

[DAL-98]   M. Dalsmo and A.J. Van de Schaft. "On representations and integrability of mathematical structures in energy-conserving physical systems," SIAM J. Control Optim., 1998, vol.37-1, pp.54–91.

[DEL-05]   A. Dell'Aquila, M. Liserre, V.G. Monopoli, et P. Rotondo, "An energy-based control for an n-H-bridge multilevel active rectifier," *IEEE Trans. on Ind. Electronics,* 52(3), June 2005, pp. 670–678.

[DOI-03]   C. Doignon et D. Knittel, "Detection and characterization of web vibrations by artificial vision," *7th International Conference on Web Handling, IWEB03,* Juin 2003, Stillwater, Oklahoma.

[ESC-99]   G. Escobar, A.J. Van de Schaft and R. Ortega."A Hamiltonian viewpoint in the modeling of switching powers converters," Automatica, 1999, vol. 35, pp. 445-452.

[GAO-01]   Z. Gao, Y. Huang, and J. Han, "An alternative paradigm for control system design," *Proc. of IEEE conference on Decision and Control*, vol. 5, Dec. 2001, pp. 4578–4585.

[GAO-03]   Z. Gao, "Scaling and parameterization based controller tuning," *Proc. of the 2003 American Control Conference,* vol. 6, June 2003, pp. 4989–4996.

[GIA-07]   N. I. Giannoccaro et T. Sakamoto, "Importance of overlapping decomposition for a web tension control system," *Advances in Production Engineering and Management (APEM) Journal,* , 2007, 2(3), 135–145.

[GOO-92]   J.K. Good et J. D. Pfeiffer, "Tension losses during center winding," *Proc. TAPPI Finishing and Converting Conference,* Nashville, TN, 1992, pp. 297–306.

[GRA-00]   P. Granjon, Contribution à la compensation active des vibrations des machines électriques, Thèse de doctorat, Institut

National Polytechnique de Grenoble, Décembre 2000.

[GRI-76]   M. J. Grimble, "Tension controls in strip processing lines," *Metals Technology,* Oct, 1976, pp. 446–453.

[GRO-86]   P. Grosdidier and M. Morari, "Interaction measures for systems under decentralized control," *Automatica,* 1986, 22(3):309–319.

[HAN-95]   J. Han, "A class of extended state observers for uncertain systems,"*Contr. and Decision,* 1995, vol. 10, No. 1, pp. 85–88.

[HAT-00]   M.R Hatch. Vibration Simulation Using Matlab and Ansys, Chapman and Hall/CRC, 2000.

[HIL-76]   D. Hill and P. Moylan, "The stability of nonlinear dissipative systems," *IEEE Trans. Automat. Contr.,* 1976, 21:708–711.

[HOY-93]   M. Hovd and S. Skogestad, "Improved independent design of robust decentralized controllers" *Jour. Process Control,* 1993, 3(1):43–51.

[IKE-81]   M. Ikeda, D. D. Siljak, and D. E. White. "Decentralized control with overlapping information sets," *Journal of Optimization Theory and Applications,* 1981, 34(2): 279–310.

[INM-89]   D.J. Inman. Vibration with Control, Measurement, and Stability, Prentice- Hall, Inc, 1989.

[JEE-99]   S. Jee, S. Kim and K. H. Shin, "Adaptive fuzzy control of tension variations due to the eccentric unwinding roll in multi-span web transport systems," *Proceedings of ASME Dynamic System and Control Division,* 1999, vol. 67, pp.877–882.

[JEL-01]   D. Jeltsema, J.M.A. Scherpen and J.B. Klaassens. "Energy-Control of multi-switch power supplies; an application to the three-phase buck rectifier with input filter," *Proc. IEEE Power Electronics Specialists Conf.* June 2001, vol. 4, pp. 1831–1836.

[JEN-86]   N. Jensen, D. G. Fisher, and S. L. Shah. "Interaction analysis in multivariable control systems," *AIChE Journal,* 1986, 32(6):959–970.

[JER-00]   Jeremy G. VanAntwerp et R. D. Braatz, "A tutorial on linear and bilinear matrix inequalities", *Journal of Process Control,* August 2000, vol. 10 (4), 363–385.

[KHA-96]   H. K. Khalil. Nonlinear Systems, Prentice Hall, 1996.

[KIN-69]   D. King, "The mathematical model of a newspaper press," *Newspaper Techniques*, December, 1969, pp. 3–7.

[KNI-02]   D. Knittel et D. Gigan, "Robust decentralized overlapping control of large scale winding system," *Proc. American Control Conference*, 2002, vol. 3, pp. 1805–1810.

[KNI-03]   D. Knittel et D. Gigan, "Tension control for winding systems with two-degrees of freedom H_∞ controllers," *IEEE Trans. on Industry Applications*, Jan 2003, vol.39, n. 1, pp. 113–120.

[KNI-06]   D. Knittel, A. Arbogast, M. Vedrines et P. Pagilla, "Decentralized robust control strategies with model based feedforward for elastic web winding systems," *Proc. American Control Conference*, June 2006, Minneapolis, USA. pp. 1968–1975.

[KOÇ-00]   H. Koç, D. Knittel, M. D. Mathelin, and G. Abba, "Robust gain-scheduled control of winding systems," *IEEE Conf. Decision and Control*, Sidney, Australia, Dec. 2000, vol. 4, pp. 4116–4119.

[KOÇ-02]   H. Koç, D. Knittel, M. Mathelin, and G. Abba, "Modeling and robust control of winding systems for elastic webs," *IEEE Trans. on Control System Technology*, 2002.vol. 10, pp. 197–208,

[KOK-86]   P. Kokotovic, H.K. Khalil, et J.O. Reilly, Singular Perturbation Methods in Control Analysis and Design, SIAM, 1986.

[LAM-07]   K. Lamamra, K. Belarbi and F. Mokhtari, "A fuzzy compensator of interactions for a multivariable generalized predictive Control", *IJ-STA Inter. Journal of Sciences and Techniques of Automatic control & computer engine*. Dec. 2007, vol. 1, pp. 236–245.

[LAR-01]   E. Laroche, H. Koç, D. Knittel, et M.D. Mathelin, "Web winding system robustness analysis via μ-analysis," *Proc. 10th IEEE Inter. Conf. on Control Applications*, Sep. 2001, pp. 5–7.

[LIN-93]   P. Lin and M. S. Lan, "Effects of PID gains for controller with dancer mechanism on web tension," *Proc. of the Second Inter. Conf. on Web Handling*, Oklahoma, 1993, pp. 66–76.

[LEB-04]   J. L. Leblanc, Propriétés mécaniques des polymères, Editoo.com. Édition 2004.

[LOZ-00]   R. Lozano, B. Brogliato, O. Egeland and B. Maschke, Dissipative Systems Analysis and Control, Springer-Verlag, Great Britain. 2000.

[LUI-00]   L. Weixuan, "Multivariable Servomechanism Controller Design of Web Handling Systems", Mémoire de maîtrise. Dept. of Elect. and Comp. Eng University of Toronto, 2000.

[LUO-97]   F. L. Luo, and C. Wen, "Multi-page mapping artificial network algorithm used for constant tension control," *Expert System with Applications,* 1997, vol. 13, No. 4, pp. 307–315.

[LYN-04]   F. Lynch, S. A. Bortoff, and K. Robenack, "Nonlinear tension observers for web machines," *Automatica* , 2004, vol. 40, pp. 1517–1524.

[MAE-06]   T. Maenpaa, Robust model Predictive control for cross-directional processes, Thèse de doctorat, Helsinki University of Technology Control Engineering Laboratory, 2006.

[MAN-86]   V. Manousiouthakis, R. Savage, and Y. Arkun, "Synthesis of decentralized process-control structures using the concept of block relative gain," *AIChE J.*, 32(6):991–1003, 1986

[MAR-06]   D. B. Marghitu. Mechanical engineer's handbook, Academic Press, 2006.

[MAR-94]   J. Marsden and T. Ratiu. Introduction to Mechanics and Symmetry: a Basic Exposition of Classical Mechanical Systems, Springer-Verlag, U.S.A. 1994.

[MAS-00]   B, R. Maschke, R. Ortega and A.J. Van der Schaft, "Energy-Based Lyapunov Functions for Forced Hamiltonian Systems with Dissipation," *IEEE Trans. on Automatic Control,* Aug. 2000, 45(8), pp. 1498–1502.

[McA-83]   T. J. McAvoy. "Some results on dynamic interaction analysis of complex control systems," *Ind. Eng. Chem. Process Des. Dev.* 1983, 22:42–49.

[MIU-93]   D.K. Miu, Poles and Zeros, Mechatronics, Springer-Verlag, New York, 1993.

[MOK-07-1] F. Mokhtari, P. Sicard, and N. Léchevin, "Damping injection control of winding system based on controlled Hamiltonian systems," *12th IFAC Sym. on Automation in Mining, Mineral and Metal Proc.* (IFAC MMM'07). Qc, Canada, Aug. 2007, pp. 243–248.

[MOK-07-2] F. Mokhtari, P. Sicard, and N. Léchevin, "Stabilizing winding system by injection damping control based on controlled Hamiltonian systems," *IEEE of Inter. Electric Machines and Drives Conf.*, Antalya, Turkey, May 2007, pp 95–100.

[MOK-08] F. Mokhtari, P. Sicard and A. Hazzab, "Cascade decentralized nonlinear PI control continuous production process,", *ELECTRIMACS*, Qc, Canada, June 2008, pp. CD-ROM.

[MOR-89] M. Morari and E. Zafiriou. Robust Process Control. Prentice-Hall, Englewood Cliffs, N.J., 1989.

[MUN-07] F. Munoz, Bobines de papier et bobinage, Tutorial 2007, cerig.efpg.inpg.fr.

[NWO-91] D. K. Le, O. D. I. Nwokah, and A. E. Frazho, "Multivariable decentralized integral controllability," *Int. Jour. Control*, 1991, 54:481–496.

[OKA-98] K. Okada, T. Sakamoto, "An adaptive fuzzy control for web tension control system," *Processing of IECON,* 1998, 11, pp.1762–1768.

[ORT-98] R. Ortega, A. Loria, P. J. Nicklasson and H. Sira-Ramirez. Passivity-Based Control of Euler-Lagrange Systems, Eds. Spring-Verlag, 1998.

[ORT-99] R. Ortega, A. J. Van der shaft, B. M. Maschke, et G. Escobar, "Energy-shaping of port-controlled Hamiltonian systems by interconnection," *Proc. 38th IEEE Conf. Decision Control*, 1999, pp. 1646–1651.

[ORT-04] R. Ortega, E. Garcia-Canseco, "Interconnection and damping assignment passivity based control: a survey," *European Journal of Control*, 2004, pp.432–450.

[PAG-01] P. R. Pagilla, S. S. Garimella, L. H. Dreinhoefer, and E. O. King, "Dynamics and control of accumulators in continuous strip processing lines," *IEEE Transactions on Industry Applications,* 2001, vol. 37, pp. 934–940.

[PAG-04] P. R. Pagilla, I. Singh and R. V. Dwivedula, "A study on control of accumulators in web processing lines," *Journal of Dynamic Systems, Measurement, and Control,* 2004, vol. 126, pp. 453–461.

[REI-92]	K. N. Reid, K. H. Shin, and K. C. Lin, "Variable-gain control of longitudinal tension in a web transport system", AMD-vol. 149, *Web Handling, ASME*, 1992, pp. 87–100.
[ROI-94]	D. R. Roisum. The Mechanics of Winding, Atlanta, GA: Tappi Press, 1994.
[ROI-96]	D. R. Roisum. The Mechanics of Rollers, Atlanta, GA: Tappi Press, 1996.
[ROS-74]	H. H. Rosenbrock. Computer-aided Control System Design, Academic Press, Orlando, F.L., 1974.
[SAK-98-1]	T. Sakamoto et S. Tanaka, "Overlapping Decentralized Controller Design for Web Tension Control System," *Trans. IEE Japan, vol.* 118-D, N. 11 1272–1278, 1998.
[SAK-98-2]	T. Sakamoto, "PI Control of Web Tension Control System Based on Overlapping decomposition," *Proc. of IEEE Nordic Workshop on Power and Industrial Electronics,* 1998, 158–163.
[SAV-99]	G. Savard, "Modernisation d'une bobineuse à deux tambours,"Rapport de recherche de maîtrise en pâtes et papier, UQTR, 1999.
[SCO-97]	G. Scorletti, Approche unifiée de l'analyse et de la commande des systèmes par formulation LMI, Thèse de Doctorat, Université Paris XI Orsay, France, 1997.
[SEP-97]	R. Sepulchre, M. Jankovic, et P. Kokotovic. Constructive Nonlinear Control, Springer, London, New York, 1997.
[SHE-86]	J. J. Shelton, "Dynamics of web tension control with velocity or torque control," *Proc. of the 1986 American Control Conf.,* Seattle, WA , 1986, pp. 1423–1427.
[SHI-00]	K. H. Shin, Tension Control. Atlanta, GA : Tappi Press, 2000.
[SKO-05]	S. Skogestad et I. Postlethwaite. Multivariable Feedback Control – Analysis and Design. Wiley, Chichester, 2nd edition, 2005.
[SKO-89]	S. Skogestad et M. Morari, "Robust performance of decentralized control systems by independent design," *Automatica*, 1989, 25(1):119–125.
[SKO-92]	S. Skogestad et M. Morari, "Variable selection for decentralized control," *Inter. Journal of Modeling*

Identification and Control, 1992, vol. 13, pp. 113–125.

[STA-00] S.S. Stankovic, M.J. Stanojevic, et D.D. Šiljak, "Decentralized overlapping control of a platoon of vehicles," *IEEE Trans. on Control System Technology*, Sep 2000, 8(5), pp. 816–832.

[SWI-28] H. W. Swift, "Power transmission by belts: An investigation of fundamentals," *Proceedings of Institute of Mechanical Engineers*, 1928, vol. 115, pp. 659–743.

[TAN-99] D. Tanguy, Geneviève : Les bonds graphs et leur application en mécatronique, Les Techniques de l'Ingénieur, 1999, Tome S 7 222, pp. 1–24.

[THO-05] M. Thomas et F. Laville, Simulation des Vibrations Mécaniques par Matlab, Simulink et Ansys. Presses de l'université du Québec, édition. 2005.

[TRI-00] M. A. Trindade, Contrôle hybride actif–passif des vibrations de structures par des matériaux piézoélectriques et viscoélastiques, Thèse de doctorat, Conservatoire National des Arts et Métiers, 2000.

[VAN-97] A.J, Van der Schaft et B.M. Maschke, "Interconnected mechanical systems. Part 1: Geometry of interconnection and implicit Hamiltonian systems," In: Modeling and Control of Mechanical Systems," Proc. Workshop Modeling and Control of Mechanical Systems, London, UK, 1997, pp. 1–15.

[VAN-00] A.J. Van der schaft, L_2-Gain and Passivity Techniques in Nonlinear Control, Springer-Verlag, London, 2000.

[VIN-96] S. Vincent, Étude de la complémentarité d'actionneurs pour la commande active des structures flexibles, Thèse de doctorat. École National Supérieure de l'Aéronautique et de l'espace, 1996.

[WAN-03] Y. Wang, D. Cheng, C. Li, et Y. Ge, "Dissipative Hamiltonian realization and energy-based L_2 disturbance attenuation control of multimachine power systems," *IEEE Trans. on Automatic Control*, 2003. vol. 48, pp. 1428–1433.

[WAN-04] C. Wang, and Y. Z. Wang, "Research on precision tension control system based on neural network," *IEEE Transaction on Industrial Electronics*, 2004, vol. 51, No. 2, pp. 381–386.

[WHI-83] D. P. Whitworth, and M. C. Harrison, "Tension variations in pliable material in production machinery," *Applied Mathematical Modeling,* 1983, vol. 7, pp. 189–196.

[WIL-72-a]   J. C. Willems. Dissipative dynamical systems, Part I: General theory. *Arch. Rational Mech. Anal.,* 1972, 45(5):321–351.

[WIL-72-b]   J. C. Willems. Dissipative dynamical systems, Part II: Linear-systems with   quadratic supply rates. *Arch. Rational Mech. Anal.,* 1972, 45(5):352–393.

[WOD-04]   K. G. Wodek. Advanced Structural Dynamics and Active Control of Structures, Springer-Verlag, New York, Inc. 2004

[XI-03]   Z. Xi, G. Feng, D. Cheng, et Q. Lu, "Nonlinear Decentralized saturated controller design for power systems," *IEEE Trans. on Control System Technology,* 2003, vol. 11, pp. 539–546.

[ZHA-02]   W. Z. Zhang, J. Bao, and P. L. Lee. "Decentralized unconditional stability conditions based on the passivity theorem for multi-loop control systems," *Ind. Eng. Chem. Res.,* 2002, 41(6):1569–1578.

[ZHO-09]   W. Zhou, S. Shao et Z. Gao, "A stability study of the active disturbance rejection control problem by a singular perturbation approach," *Applied Mathematical Sciences,* 2009, vol. 3,no. 10, pp. 491–508.

Annexe A—Modélisation structurée des systèmes avec Bond Graph

1. Introduction

L'outil Bond Graph (BG) est un langage graphique unifié pour tous les domaines des sciences de l'ingénieur et confirmé comme une approche structurée à la modélisation et à la simulation des systèmes pluridisciplinaires. La modélisation d'un système technique par Bond Graph ne nécessite pas l'écriture de lois générales de conservation. Elle repose essentiellement sur la caractérisation des phénomènes d'échanges d'énergie au sein du système [TAN-99].

La méthodologie BG n'est pas une méthode graphique supplémentaire par rapport à celles qui existent déjà comme, par exemple, les schémas blocs, pour représenter les fonctions de transfert des systèmes. En effet cette dernière ne concerne que les systèmes linéaires alors que la méthode BG concerne tous les systèmes dans tous les domaines (linéaires, non linéaires, continus, échantillonnés, numériques, électroniques, hydrauliques, mécaniques, thermiques, ...). La méthode BG permet de traiter les chaînes d'énergie et d'information.

2. Briques de la méthode Bond Graph

Qu'est-ce qu'un Bond Graph? C'est un graphe orienté, faisant apparaître des variables dynamiques, qui traduisent les transferts d'énergie entre systèmes. Ils sont basés sur les liens de puissance du type proposé sur la figure 1.

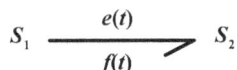

$$S_1 \xrightarrow[\;f(t)\;]{\;e(t)\;} S_2$$

Figure A.1 Transfert de puissance.

Les variables $e(t)$ et $f(t)$ représentent respectivement l'effort et le flux entre les systèmes S_1 et S_2 dont le produit $P(t) = e(t)f(t)$ n'est rien d'autre que la puissance instantanée transférée entre S_1 et S_2. Les deux variables $e(t)$ et $f(t)$ sont dites conjuguées l'une de l'autre.

2.1 *Variables de puissance et d'énergie*

Les variables d'état sont généralement liées aux éléments de stockage d'énergie; ce sont les moments et les déplacements généralisés. Le tableau 1 donne les variables de puissance et d'énergie des domaines classiques des sciences de l'ingénieur.

Tableau A.1. Domaine et variables d'énergie et de puissance

Domaine	Effort e	Flux f	Moment généralisé p	Déplacement généralisé q
Électrique	Tension u	Courant i	Flux magnétique λ	Charge q
Mécanique de translation	Force F	Vitesse v	Quantité de mouvement p	Déplacement x
Mécanique de rotation	Couple C	Taux de rotation ω	Moment cinétique σ	Angle θ
Hydraulique & pneumatique	Pression P	Débit volumique q_v	Impulsion p	Volume V

Thermique	Température T	Flux d'entropie q_s		Entropie S
Chimie	Potentiel Chimique μ	Flux molaire q_m		Nombre de moles N

2.2 Principaux éléments

Les éléments de base de la méthode BG sont au nombre de neuf que l'on peut classer en quatre groupes.

1. Les éléments de stockage ou dissipation I, C et R ;

2. Les éléments sources Se (source d'effort) et Sf (source de flux) ;

3. Les éléments de transformation réversible TF (transformateur) et GY (gyrateur) ;

4. Les éléments de jonctions : la 0-jonction et la 1-jonction.

2.3 Procédure

Les étapes 1 et 2 concernent l'identification des domaines physiques et des éléments.

1. Déterminer les domaines physiques du système étudié et rechercher tous les éléments de base : I, C, R, Se, Sf, TF, et GY. Donner à chaque élément un nom distinct.

2. Introduire une valeur de référence pour les efforts, les vitesses, les pressions...dans chacun des domaines.

Les étapes 3 à 5 décrivent la génération des connexions de la structure.

3. Identifier tous les autres efforts, vitesses, ... et leur attribuer un nom propre.

4. Tracer pour ces efforts,... (ces vitesses,...) des jonctions-0 (des jonctions-1).

5. Rechercher toutes les différences entre efforts (entre vitesses) nécessaires pour relier les ports de tous les éléments déterminés à l'étape 1 en utilisant une jonction-1 (une jonction-0 pour les différences entre

vitesses en mécanique). Leur donner un nom unique marquant cette différence (exemples e_{12} pour une différence entre l'effort e_1 et l'effort e_2).

6. Relier les ports de tous les éléments trouvés à l'étape 1 avec des 0-jonctions des efforts correspondants ou des différences entre efforts (1-jonctions des vitesses ou des différences entre vitesses).

7. Simplifier le graphe obtenu en appliquant les règles de simplification suivantes :

• Une jonction entre deux liens peut être simplifiée si les liens représentent une direction de la puissance unique ;

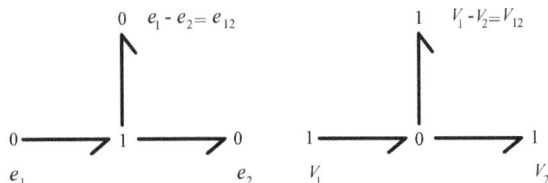

Figure A.2 Jonction "0" et jonction "1".

• Un lien entre deux jonctions identiques peut être simplifié et les jonctions peuvent être simplifiées en une seule ;

• Deux efforts ou flux identiques construits séparément peuvent être simplifiés en une différence entre deux efforts ou deux flux.

2.4 Causalité et Bond Graph

La causalité doit être indiquée sur un Bond Graph afin qu'il soit traité de façon numérique ; c'est d'ailleurs le logiciel qui s'en charge. On rappelle que la causalité consiste à imposer un ordre de cause à effet dans les relations entre les variables représentant un système. Sur un BG, la causalité est marquée par un trait perpendiculaire au lien BG à l'une des extrémités de celui-ci. Par convention, on impose l'effort du côté du trait de causalité. Le flux est donc imposé de l'autre côté du lien.

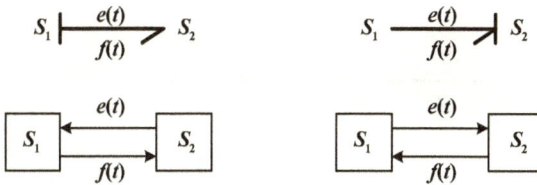

Figure A.3 Causalité.

Tableau A.2 Éléments de Bond Graph

Élément Bond Graph	Représentation	Lois constitutives	Exemples
Stockage d'énergie sans dissipation de type capacitif	$\begin{array}{c} e(t) \\ f(t) \end{array}$ C	$q = q_0 + \int f\, dt$ cas linéaires $e = q/C$	Capacité, ressorts linéaire et de torsion, accumulateur hydraulique
Stockage d'énergie sans dissipation de type inertiel	$\begin{array}{c} e(t) \\ f(t) \end{array}$ I	$p = p_0 + \int e\, dt$ cas linéaires $f = p/I$	Inductance, masse, inertie
Dissipation d'énergie	$\begin{array}{c} e(t) \\ f(t) \end{array}$ R	$e = Rf$ ou $f = e/R$	Résistance électrique, frottements secs et visqueux, restriction hydraulique
Source imposant un effort	Se $\begin{array}{c} e(t) \\ f(t) \end{array}$	L'effort e est imposé au système	Source de tension, source de pression

		qui impose f à la source	
Source imposant un flux	$Sf \vdash \dfrac{e(t)}{f(t)}$	Le flux f est imposé au système qui impose e à la source	Source de courant
Transformateur sans dissipation d'énergie	$\dfrac{e_1(t)}{f_1(t)} \xrightarrow{\text{TF}} \dfrac{e_2(t)}{f_2(t)}$ $\;m$	$\begin{cases} e_1 = me_2 \\ f_1 = f_2/m \end{cases}$	Transformateur électrique, réducteur, bras de levier
Gyrateur sans dissipation d'énergie	$\dfrac{e_1(t)}{f_1(t)} \xrightarrow{\text{GY}} \dfrac{e_2(t)}{f_2(t)}$ $\;r$	$\begin{cases} e_1 = rf_2 \\ f_1 = e_2/r \end{cases}$	Générateur de courant alternatif, gyroscope
Junction-0	$e_2(t) \mid f_2(t)$ $e_1(t) \searrow \; e_3(t)$ $\dfrac{}{f_1(t)} \xrightarrow{} 0 \xleftarrow{} f_3(t)$	$\begin{cases} e_1 = e_2 = e_3 \\ f_1 + f_2 + f_3 = 0 \end{cases}$	Loi des nœuds, contrainte cinématique
Junction-1	$e_2(t) \mid f_2(t)$ $e_1(t) \searrow \; e_3(t)$ $\dfrac{}{f_1(t)} \xrightarrow{} 1 \xleftarrow{} f_3(t)$	$\begin{cases} e_1 + e_2 + e_3 = 0 \\ f_1 = f_2 = f_3 \end{cases}$	Loi de newton, loi des mailles

3. Application sur la bobineuse

Sur la figure A.4, nous trouvons le tracé classique de notre système de bobineuse composé de trois moteurs.

Nous pouvons dénombrer :

• 4 transformateurs.

• 3 sources d'effort C_{em1}, C_{em2}, C_{em3};

• 5 éléments de dissipation, 2 amortisseurs, 3 frottements secs (visqueux).

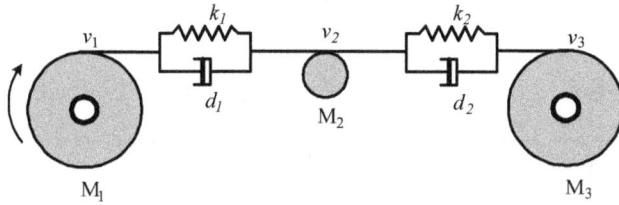

Figure A.4 Système de transport de bande avec un modèle de Voigt-Kevin.

- 5 éléments de stockage, dont 2 éléments de type capacitif (k_1 et k_2), et 3 éléments (J_1, J_2 et J_3) de type inertiel;

Nous traçons les jonctions associées aux efforts et aux vitesses. Introduisons un potentiel électrique de référence u_0 et un taux de rotation de référence Ω_0

$$
\begin{array}{ccc}
1 & 1 & 1 \\
\Omega_1 & \Omega_2 & \Omega_3
\end{array}
$$

La connections de tous les éléments trouvés précédemment permet d'obtenir le Bond Graph de la figure A.5. Noter que le rayon r_2 est représenté par un simple transformateur alors que $r_1(t)$ et $r_3(t)$ qui ne sont pas constants, sont représentés par un transformateur modulé, noté *MTF*.

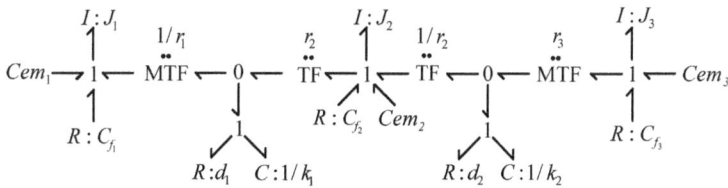

Figure A.5 Bond Graph du système mécanique de la figure A.4.

221

Affectant la causalité imposée par les différents éléments, nous obtenons la figure A.6.

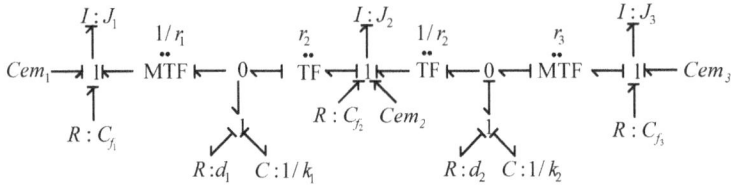

Figure A.6 Bond Graph avec causalité du système.

Que faire avec ce Bond Graph? Beaucoup de choses et par exemple, l'implémenter dans un logiciel (20-sim, camp-G, Symbols 2000, ms1,...) pour tracer les courbes des variables du processus, obtenir les équations qui décrivent la dynamique du système, voir les flux d'énergie,... Il est également assez facile d'en déduire le schéma bloc dans le domaine linéaire.

Annexe B—Conception des correcteurs de vitesse et de tension

B.1 Correcteur de vitesse

Cette partie présente plus en détail la conception des structures de commande pour la vitesse des machines asynchrones et la tension de chaque segment de bande.

La dynamique de la partie mécanique d'une machine asynchrone à cage d'écureuil est donnée par l'équation (B.1)

$$J_k \frac{d\Omega_k}{dt} + F_k = C_{emk} - C_{chk} \tag{B.1}$$

$$C_{emk} = \Omega_k(J_k s + f_k) + C_{chk} \tag{B.2}$$

On isole la variable du couple électromagnétique, l'équation (B.2) nous permet d'obtenir la structure de commande présentée sur la figure B.1.

À partir de (B.2) on peut déduire que :

$$P(s) = \frac{K_a}{\tau s + 1} \quad \text{où } K_a = 1/f_k \text{ et } \tau_a = J_k/f_k \tag{B.3}$$

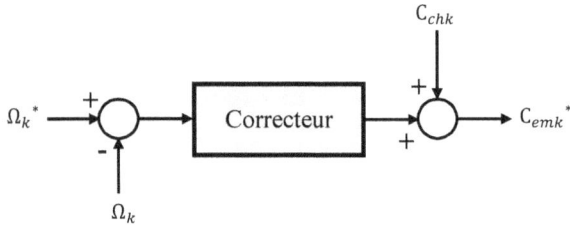

Figure B.1 : Structure des correcteurs de vitesse des moteurs asynchrones.

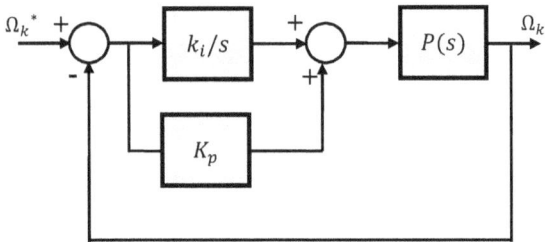

Figure B.2 : Structure d'un correcteur de vitesse PI.

Pour la commande de vitesse, nous proposons l'utilisation d'un correcteur PI possédant l'architecture de la figure (B.2).

D'où la fonction de transfert du système en boucle fermée est définie alors comme suit :

$$\frac{\Omega_k}{\Omega_k{}^*} = \frac{\left(1+\frac{K_p}{K_i} \cdot s\right)}{\frac{\tau_a}{K_i K_a} s^2 + \left(\frac{1+K_p K_a}{K_i K_a}\right) s + 1} \tag{B.4}$$

Le gain intégral et le gain proportionnel du correcteur PI sont obtenus en fonction de la fréquence naturelle ω_n et le coefficient d'amortissement ξ désiré.

$$K_i = \frac{\omega_n{}^2 \tau_a}{K_a} \tag{B.5}$$

$$K_p = \frac{2\xi\omega_n\tau_a-1}{K_a} \tag{B.6}$$

Les valeurs de ω_n et de ξ peuvent être déterminées respectivement par les deux recettes (B.7) et (B.8), qui permettent de définir le temps de stabilisation ainsi que le pourcentage de dépassement.

$$T_{s,(2\%)} = \frac{4}{\xi w_n} \tag{B.7}$$

$$P.O = 100e^{-\left(\pi\xi/\sqrt{1-\xi^2}\right)} \tag{B.8}$$

B.2 Correcteur de tension mécanique

Le correcteur de tension présent dans la boucle de commande de chaque étage du système de la figure 6.10 permet de produire une vitesse de référence en rapport avec la force de tension désirée. On utilisant le modèle approximatif moyen présenté dans (6.1) qu'on peut réutiliser comme suit :

$$\dot{T}_k = \frac{1}{L_{Bande}}[ESv_{k+1} - (ES + T_k - T_{k-1})v_k] \tag{B.9}$$

En isolant la vitesse v_k on aura :

$$v_k = \frac{ESv_{k+1}-sT_kL_{Bande}}{ES+T_k-T_{k-1}} \tag{B.10}$$

Cette équation nous permet de définir la structure de commande de tension présentée à la figure B.3.

La réalisation d'une linéarisation $v_k{}' = -(ES + T_k - T_{k-1})v_k$ avec l'introduction d'un terme d'anticipation $v_k{}' = v_{k-r}{}' + v_{k-a}{}'$ où $v_{k-a}{}' = -ESv_{k+1}$, permet d'obtenir la fonction de transfert suivante :

$$\dot{T}_k = \frac{1}{L_{Bande}}[v_{k-r}{}'] \tag{B.11}$$

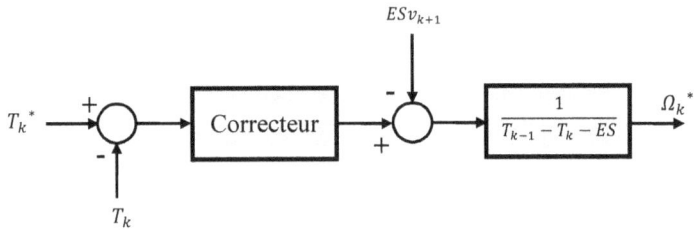

Figure B.3 : Structure du correcteur de tension mécanique.

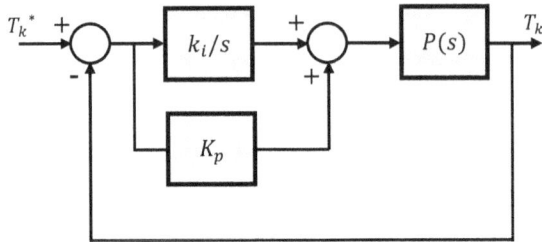

Figure B.4 : Structure d'un correcteur tension PI.

Nous proposons l'utilisation d'un correcteur PI possédant l'architecture de la figure (B.4).

À partir de (B.11), on peut déduire :

$$P(s) = \frac{1}{L_{Bande} \cdot s} \tag{B.12}$$

Alors que la fonction de transfert du système en boucle fermée est donnée par :

$$\frac{T_k}{T_k^*} = \frac{1 + \frac{K_p}{K_i} \cdot s}{\frac{L_{Bande}}{K_i} s^2 + \frac{K_p}{K_i} s + 1} \tag{B.13}$$

ce qui nous permet d'obtenir les différents gains du correcteur :

$$K_i = \omega_n{}^2 L_{Bande} \tag{B.14}$$

$$K_p = 2\xi \omega_n L_{Bande} \tag{B.15}$$

De la même façon, on peut déterminer les valeurs de ω_n et de ξ par (B.7) et (B.8) respectivement.

Annexe C—Description de la plateforme RT-LAB

C.1 Introduction

RT-LAB est un système totalement intégré qui s'encarte à un niveau au dessus d'outils tel Simulink™ (de *The Mathworks Inc.*) pour simuler des modèles en temps réel ainsi de tester des contrôleurs en incluant le système physique dans la boucle de commande (HIL: *Hardware in the loop*). Avec cette plateforme, il est possible de faire toutes les étapes de conception de systèmes de contrôle. On débute par la simulation en temps réel du modèle du contrôleur bouclé avec le modèle du système physique pour ensuite remplacer le modèle du système physique par le système réel et tester le fonctionnement du contrôleur en temps réel et finir avec l'implantation du contrôleur dans un DSP ou une FPGA.

La figure C.1 présente l'intégration du système RT-LAB au travers les applications. Il se divise en trois parties qui sont :

- La visualisation de modèles;
- La séparation des modèles et la génération de codes;
- L'exécution parallèle en temps réel avec le matériel dans la boucle (*HIL*).

Pour utiliser RT-LAB, les modèles du contrôleur et du système physique

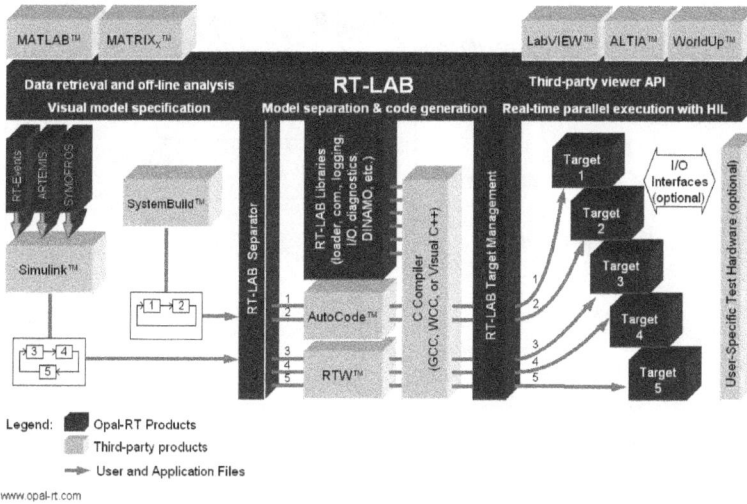

Figure C.1 Intégration de RT-LAB au travers certaines applications. [www.opal-rt.com].

doivent être implantés sous Matlab/Simulink™ suivi d'une application de certaines conventions.

C.2   Fonctionnement de RT-LAB

> *Grouper le modèle en sous-systèmes de calcul :*

La première étape consiste à grouper le modèle en divers systèmes qui seront exécutés sur différents nœuds de calcul. En effet, chaque sous-système de Simulink doit posséder un nom commençant par un préfixe bien déterminé (Figure C.2) :

SC_ : sous-système console (au moins un) Contient tous les blocs de l'interface utilisateur (*scope*, *gains*, *switch*…).

- Il sera exécuté de manière asynchrone avec les autres blocs.

SM_ : sous-système maître (toujours un seul)

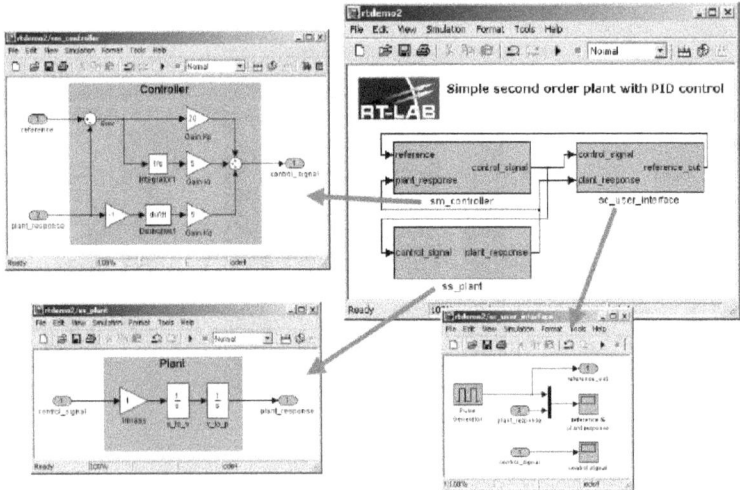

Figure C.2 Modélisation sous RT-LAB – Création des sous-systèmes. [www.opal-rt.com].

- Contient les éléments de calcul du modèle.

SS_ : sous-système esclave (aucun, un ou plusieurs)

- Contient des éléments de calcul du modèle lorsqu'il est exécuté sur plusieurs processeurs.

➢ *Ajouter les blocs de communication OpComm :*

La seconde étape de la réalisation de modèles pouvant être simulés sous RT-LAB consiste à ajouter les blocs de communication OpComm (figure C.3). Ces blocs permettent d'activer et de sauvegarder les informations de la communication entre la station de commande et les nœuds de calcul ainsi qu'entre les différents nœuds de calcul d'une simulation distribuée. Ainsi, toutes les entrées des sous-systèmes principaux doivent passer à travers un OpComm avant d'être utilisées.

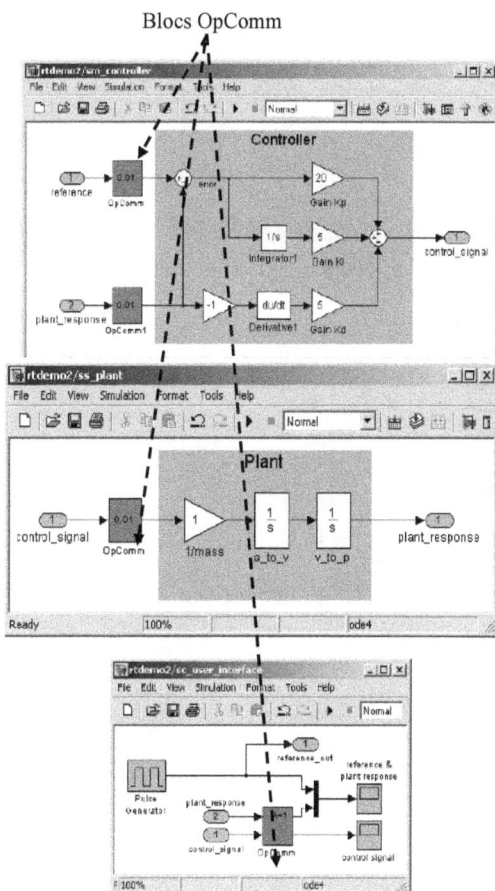

Figure C.3 Modélisation sous RT-LAB – Ajout des blocs de communication.

➢ *Exécution sous RT-LAB :*

La dernière étape consiste à exécuter le modèle sous RT-LAB selon les étapes suivantes (Figure C.4) :

   1. *Open* : Sélectionner le modèle que l'on désire exécuter sous RT-LAB.

   2. *Edit* : Éditer le modèle selon les conventions établies précédemment.

3. *Compile* : Compilation des différents sous-systèmes du modèle en exécutables.

4. *Assign* : Assignement d'un nœud de calcul à chacun des exécutables.

5. *Choisir* le type de synchronisation *(hardware* ou *software)* ou la simulation.

6. *Load* : Chargement des exécutables dans les nœuds spécifiés.

7. *Execute* : Exécution de la simulation du modèle.

8.

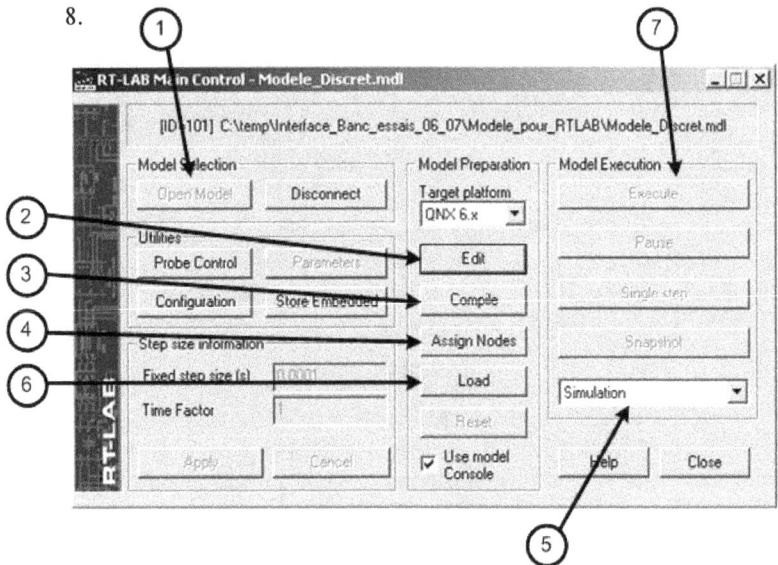

Figure C.4   Exécution sous RT-LAB.

C.3   Plateforme de simulation RT-LAB

La carte OP5110, qui est une carte PCI contenant une FPGA, représente le cœur de la plateforme de simulation, où il est possible de charger le code des modèles provenant de Matlab/Simulink™ pour réaliser la simulation en temps réel ou pour la simulation HIL. La carte OP5110 est installée dans un PC dont le système d'exploitation est QNX –Neutrino branché par un lien TCP/IP avec un PC travaillant comme une console Windows (figure C.5) qui permet de voir le comportement des variables du système pendant la simulation.

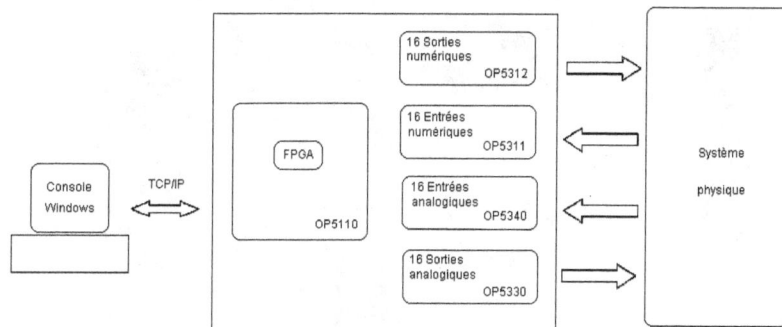

Figure C.5 Schéma simplifié de la plateforme de simulation RT-LAB.

La carte OP5110 permet la connexion de 4 cartes d'interfaçage qui offrent la possibilité d'utiliser :

— 16 entrées numériques (carte OP5311);

— 16 sorties numériques (carte OP5312);

— 16 entrées analogiques (carte OP5340);

— 16 sorties analogiques (carte OP5330).

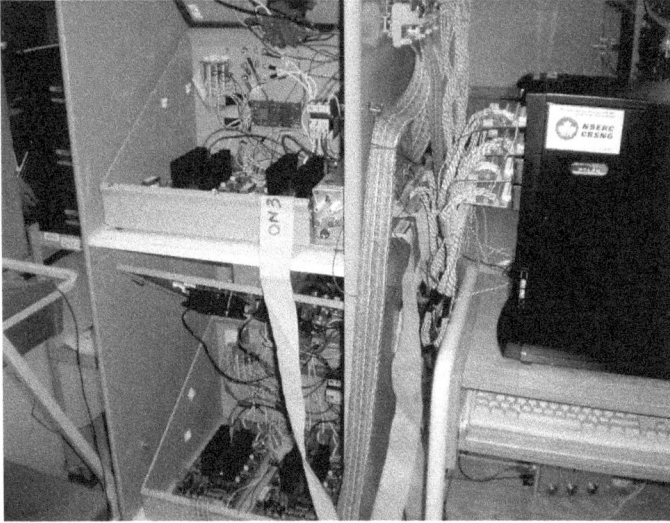

Figure C.6 Connections du banc d'essai avec la plate forme RT-LAB.

Annexe D—Paramètres de simulation

Alimentation principale

Source d'alimentation		120/208V/60Hz
Capacité du lien cc	C_{cc}	1650 µF
Inductance du lien cc	L_{cc}	115 µH

Système de bobineuse

Longueur de la bande	L_{Bande}	2 m
Section de la bande	S	2.75×10^{-5} m^2 (nominal)
Module de Young	E	1.6×10^8 N/m^2 (nominal)
Inertie de l'enrouleur/dérouleur	J_1, J_5	1.25 kg×m^2 (nominal)
Inertie des rouleaux	$J_2, J_3 J_4$	0.25 kg×m^2
Rayon de l'enrouleur/dérouleur	r_1, r_5	0.5m
Rayon des rouleaux	r_2, r_3, r_4	0.25m
Coefficient de friction	f_1, f_2, f_3, f_4, f_5	0.004 N×m^{-1}×s
Tension de référence	$T_{réf}$	4 N
Vitesse de référence	$\Omega_{réf}$	300 m/min

Machines à courant continu MCC

1HP/ARM : 180V/Champs : 200/100V/60Hz/1750RPM		
Inductance de l'inducteur	L_f	113.36 H
Inductance de l'induit	L_a	43.34 mH
Résistance de l'inducteur	R_f	690 Ω
Résistance de l'induit	R_a	4 Ω
Constante du moteur cc	K_e	0.64

Machines asynchrones triphasées MAS

1HP/230/460V/60Hz/1755RPM		
Inductance rotorique	L_r	6.84 mH
Inductance statorique	L_s	6.84 mH
Inductance mutuelle	L_m	146.54 mH
Résistance rotorique	R_r	1.52 Ω
Résistance statorique	R_s	1.25 Ω

Système multimoteur couplé: machines MAS, machines MCC et liens inductifs

Inductance de couplage	L	510 mH
Résistance du lien inductif	R	10Ω
Résistance extérieure	R_k	5 Ω
Courant nominal	I_{nom}	0.5 A
Inertie totale (MAS+MCC)	J_T	0.0085 kg×m^2
Coefficient de frottement (total)	f	0.0028 N×m^{-1}×s

Paramètres des contrôleurs pour la bobineuse

Pas d'échantillonnage	T_s	80 µs
Contrôleur de tension	K_p K_i	170.66 2.75×10^3
Contrôleur de vitesse	K_p pour M_1 et M_5 K_p pour M_2 K_p pour M_3 et M_4 K_i pour M_1 et M_5 K_i pour M_2 K_i pour M_3 et M_4	31.23×10^3 3.1 7.79 1560 62.5 390.6
Gains de la matrice de rétroaction de sortie (PCHD)	b_1, b_3, b_4, b_5 b_2 b_{12}, b_{23}, b_{34}, b_{45}	10 200 30
Contrôleur ADRC	$\alpha_{1,2}$ $\beta_{1,2}$ $\delta_{1,2}$	0.7 10^3 0.14

Paramètres des contrôleurs pour le système multimachine (4 MAS-MCC)

Pas d'échantillonnage	T_s	80 µs
Contrôleur de tension	K_p K_i	15 200
Contrôleur de vitesse	K_p K_i	0.8 5
Gains de la matrice de rétroaction de sortie (PCHD)	b_1, b_3, b_4, b_5 b_2 b_{12}, b_{23}, b_{34}, b_{45}	0.085 0.2 0.08

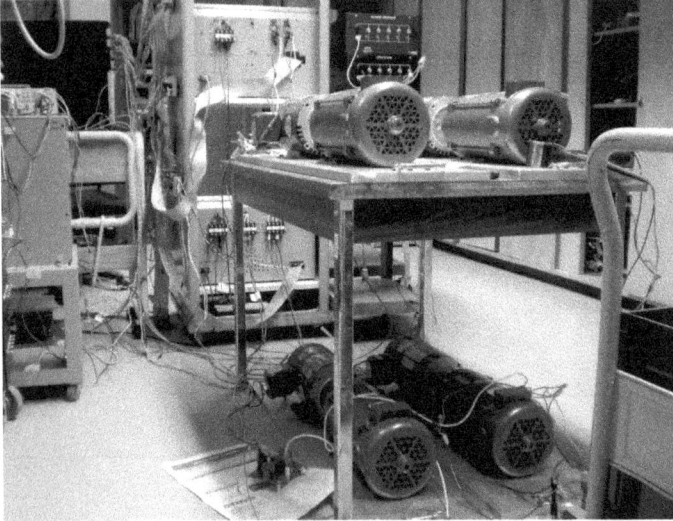

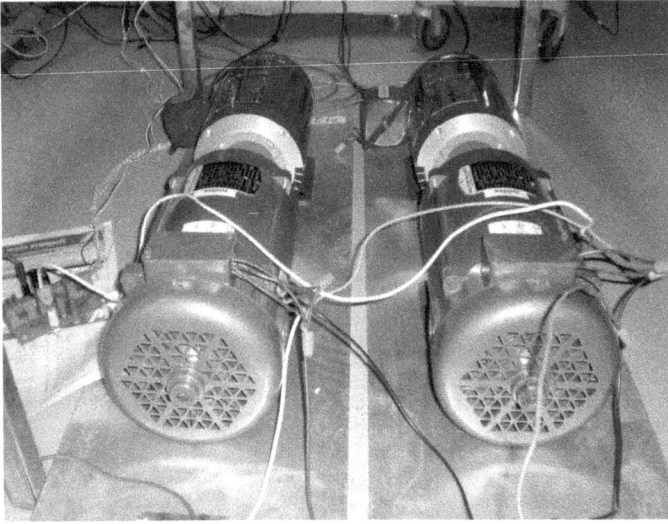

Figure D.1 Banc d'essai composé de 4 paires de machines MAS-MCC.

www.ingramcontent.com/pod-product-compliance
Lightning Source LLC
Chambersburg PA
CBHW021034210326
41598CB00016B/1013